TURING 图灵新知

神奇的数学

牛津教授给青少年的讲座

【英】Marcus du Sautoy 著

程玺 译

The Number Mysteries

人民邮电出版社

北京

图书在版编目（CIP）数据

神奇的数学：牛津教授给青少年的讲座 / （英）索
托伊（Sautoy, M.）著；程玺译. -- 北京：人民邮电出
版社，2013.1
（图灵新知）
The Number Mysteries
ISBN 978-7-115-30241-0

Ⅰ. ①神… Ⅱ. ①索… ②程… Ⅲ. ①数学－青年读
物②数学－少年读物 Ⅳ. ①O1-49

中国版本图书馆CIP数据核字（2012）第293704号

内 容 提 要

　　本书是作者在一系列针对青少年的数学普及讲座内容基础上汇集整理的一本数学科普书，介绍了一些数学中很有神秘色彩的知识，内容浅显易懂，语言生动活泼，很容易激发读者尤其是青少年读者了解数学的兴趣。

　　本书适合所有对数学知识感兴趣的读者。

　　◆ 著　　　　[英] Marcus du Sautoy
　　　译　　　　程　玺
　　　责任编辑　朱　巍
　　　执行编辑　董瑞霞
　　◆ 人民邮电出版社出版发行　　北京市丰台区成寿寺路11号
　　　邮编　100164　　电子邮件　315@ptpress.com.cn
　　　网址　https://www.ptpress.com.cn
　　　北京市艺辉印刷有限公司印刷
　　◆ 开本：880×1230　1/32
　　　印张：8.75　　　　　　　2013年1月第1版
　　　字数：232千字　　　　　　2024年8月北京第53次印刷
　　　著作权合同登记号　图字：01-2011-7478号

定价：49.00元
读者服务热线：(010)84084456-6009　印装质量热线：(010)81055316
反盗版热线：(010)81055315
广告经营许可证：京东市监广登字 20170147 号

译 者 序

　　音乐家认为音乐可以表达整个世界，作家认为文字可以描述整个世界，物理学家认为物理决定着所有一切，佛说一沙一世界，而本书作者则明显站在了数学一边。数学可以探索宇宙，可以预测未来，可以破解密码，可以判断足球飞行的轨迹，可以解释种群数量的走势，等等。总而言之，数学之中蕴含着神奇而美妙的能量。在翻译本书的过程中，我已经彻头彻尾变成了一个数学的信徒。

　　数学作为一门基础科学，其重要性的确不言而喻，不管是对于终极命题的探索，或对于生活常识的把握，还是对于国家实力的贡献，数学都居功至伟。本书作者从浩如烟海的数学宝库中挑选出五道价值高达百万美元的谜题（只要揭开任何一道谜题，就可获得一百万美元的奖励）。在描述每一道谜题时，作者都引述了大量有趣的故事、搭配实例或游戏，以轻松的笔调，深入浅出地娓娓道来。即使是那些对数学望而却步的读者，也不必担心书中的内容过于专业而无法把握。尽管这五道题目的确无比深奥，但作者并非以解决这些问题为目的，本书也并非为找到能解决这些问题的人们而写。相反，作者的写作目的更多是为了传播数学的知识，激发大众对数学的热情。

　　这些乐趣尤其体现在作者所引述的大量故事中，比如，在讲述质数问题时，作者提到贝克汉姆著名的 23 号球衣，并分析了各种坊间推测；在讲述制胜秘方时，作者提到 2004 年在伦敦利兹赌场卷走巨额赌资的三个东欧人，有趣的是，三人被逮捕后又被宣判无罪释放，并得以保留全部赌资，这是为什么呢？而作者在讲述密码问题时则提到二战期间数学家所做的贡献，据称，这些数学家的破译工作使二战提前两年结束，他们发挥的作用真的有这么大吗？而在讲述预测未来的问题时，作者又以卡洛斯的神奇任意球为例来分析现象背后的陀螺效应及湍流问题等。那么为何所有这些故事都和数学有着千丝万缕的联系呢？答案尽在本书中。

另外，书中也涉及了许多中国元素，这一点颇令我感到意外。比如，在第一章中，作者带领我们巡视了各个古代文明中的数字写法，其中自然包括了中国的汉字数字系统，同时还介绍了一种较少有人提起的中国的算筹记数系统。而在讲述二进制问题时，作者则提到二进制发明者莱布尼茨受到中国《易经》及北宋易学家邵雍的影响；在讲述信息的传播方式时作者又屡次提到中国长城上的烽火台。此外还有一些，在此就不一一列举了。

在所有有趣的故事和游戏之中，作者潜移默化地向我们展示了几何的精巧、代数的严密、逻辑的美妙、拓扑的强大等种种数学学科的精髓之处。正如开篇所说，通过翻译本书，我已经深深地被数学吸引，相信读者也一定会在阅读过程中有所触动。

最后，感谢图灵编辑傅志红老师给我这次翻译机会，感谢岳新欣老师在中耕过程中耐心的修改和指正。本人翻译经验有限，译文难免有不到位之处，烦请各位多多批评指正，我会继续改进。

引　言

　　气候变暖是真的吗？太阳系会突然解体吗？在网络上发送信用卡号码安全吗？如何才能在赌场赢钱？

　　人类自从能够交流以来，就不断地提出问题，试图预测未来，掌控环境。数学正是人类创造出来的最强大的工具，帮助我们应对所生存的这个狂野而繁杂的世界。

　　从测算足球的运行轨迹到确定旅鼠①的种群数量，从破译密码到在大富翁游戏中取胜，数学作为一种神秘的语言，正在为我们解密自然界中的各种谜团。但是，有些问题数学家也不知道答案，许多深层次和根本性的问题还有待破解。

　　本书的每一章都会带你穿越数学领域中的某些难题，而每章末尾都会揭密一个目前为止尚未破解的数学谜团。它们也是一直以来人类没有解决的一些大谜团。

　　揭开其中任何一个谜团不仅会在数学界扬名，而且还会赢得一笔极大的财富。美国商人兰登·克雷（Landon Clay）为其中的每个难题都悬赏一百万美金，征求解决方案。这一点或许让你觉得莫名奇妙，为何一

---

　　① 旅鼠是一种生活在北极的哺乳动物，是世界上已知的所有动物中繁殖力最强的。

——编者注

个商人要为数学谜团的解决而慷慨解囊呢？原因就在于他明白，全部的科学、技术、经济，甚至是地球的未来，都要依托数学。

本书将依次介绍以下 5 个价值百万美元的谜题。

第 1 章以最基本的数学元素（数字）为主题，介绍了其中最重要同时也是最神秘的一种数字——质数。谁能揭开质数的神秘面纱，谁就能领走一百万美元的奖金。

第 2 章带你领略自然界中各种神奇怪异的形状：从骰子到气泡，从茶包到雪花等。最后，我们来看一下其中最具挑战性的一个难题：宇宙是何形状？

第 3 章介绍数学界中的逻辑和概率是如何在游戏中助人一臂之力的。不管你正在玩大富翁游戏还是在用真金白银赌博，数学都是你获胜的法宝。不过，有时候某些十分简单的游戏却能迷惑天下最聪明的人。

第 4 章介绍的是无法破译的密码。数学通常是用来破解秘密信息的关键学问。不过，本章将会介绍如何利用巧妙的数学方法创造出新的密码，以确保你能在网络上安全地与他人交流，远距离传递各种信息，甚至解读朋友的所思所想。

第 5 章讲述的是每个人都希望能够做到的事情：预测未来。我会向大家解释为何数学方程才是世上最好的算命师。它们能够预测日食月食，解释为何回旋镖能够飞回来，还能够告诉我们地球的未来是什么样子。但是，还有一些我们解不出的方程。本章以湍流问题结尾，该问题的影响无处不在，从贝克汉姆的任意球到飞机的飞行，但它依然是数学界中最大的谜团之一。

书中包含的数学问题有难有易，每章结尾处的百万美元谜题无疑都十分复杂，至今无人能解。不过我强烈认为人们应该多接触这些伟大的数学思想。我们初次阅读莎士比亚或斯坦贝克的作品时会感到兴奋，初次聆听莫扎特或迈尔斯·戴维斯的弹奏时，会感觉音乐是有生命的。虽然我们很难将莫扎特的乐曲弹奏得韵味十足，就算是经验丰富的读者也会觉得莎翁的作品很难读，但这并不表示我们就应当将这些伟大思想家的作品束之高阁。同样的道理也适用于数学。如果你觉得有些数学问题很难，那就先试着"欣赏"你能理解的那一部分，并且要记住初次拜读莎士比亚作品时的感觉。

　　上学的时候，老师教导我们说数学是我们从事一切行为的基础。本书的 5 章内容试图赋予数学生命，并向读者介绍迄今为止人类所孕育出的一些最伟大的数学思想。但是，在介绍那些未解之谜时，我希望能给大家一个和史上智力超群的人们一决高低的机会。最后，我希望读者能够体会到，数学是我们一切所见和所为的核心所在。

致　　谢

　　首先，要感谢帮助本书诞生的人。感谢 4th Estate 的编辑罗宾·哈尔维，他对于超级马拉松的热爱让他始终处于稳健的状态。感谢格林内与希顿经纪公司（Greene & Heaton）的经纪人安东尼·托平，他就像一位私人教练一样协助我完成这一程书写的马拉松。感谢文字编辑约翰·伍德拉夫，他放弃了退休的念头，帮助我将本书敲打成型。感谢我的两位插图作者：乔·麦克拉伦，他为我在《泰晤士报》的专栏所创作的插图让我每个周三的早晨都如沐春风；雷蒙德·特维，不管我将多么复杂的草图交给特维，他总能完美捕捉到其中的意涵。

　　本书的写作材料来源于我参与过的一系列工作项目。

　　2006 年，我受邀在皇家研究院主持圣诞讲座。该活动创始自 1825 年，1966 年开始通过电视播出。组织者致力于向普罗大众传播科学知识，尤其鼓励年轻观众亲身参与到科学中来。1978 年，我有幸前往聆听该活动所举办的首场数学讲座，讲者为克里斯托弗·齐曼。当年我只有 13 岁。齐曼在讲座中介绍了一系列吸引人的话题，我也因此在那个圣诞节立下了自己的志向：成为一名像他一样的数学家。皇家研究院的这项活动激发了我的梦想，所以，能够受邀在 2006 年登上这一讲堂，提供给我一个完美的机会来回报他们。有机会激发新一代数学家们的志趣对我来说实在是此生大幸。

　　皇家研究院的要求是以 11～14 岁的孩子为目标受众提供 5 场讲座。圣诞讲座都是介绍爆炸、干冰的，同时要不时请人上台一起做展示。而给出不用钱的刺激，或凭空想出各种有趣的游戏来展示数学的确是一件有趣的挑战。而整个项目最后看起来仿佛是我进行了五场单人的数学哑剧表演。为打造出这些讲座，皇家研究院为我安排了一个十分专业的团队，同时，我也得到了来自电视制作团队第五频道和 Windfass 制片公司的协助。在此，我要特别感谢马丁·高斯特、蒂姆·爱德华兹以及爱丽丝·琼斯，在他们的帮助下，我才找到了如此充满想象力的方式来将数学活灵活现地呈现出来。我还要感谢安迪·马玛丽、凯瑟琳·德·兰奇、大卫·杜干以及大卫·科尔曼，他们都在整个项目中发挥了关键作用。

　　我们在很多学校进行了试讲，在此我想特别感谢犹太自由小学，这家学校十分配合我们的工作，我们在学生们面前测试了各种各样的讲课思路。虽然圣诞节和犹太教似乎是个奇怪的搭配，不过我想，我们的努力证实了数学的确是一门世界语言。只有亲眼看到孩子们对讲座的反应，我们才能确知哪些内容适合或不适合。我们为这些讲座所做的所有测试和调查也为本书取材贡献了力量。

　　制作数学相关的电视节目的过程，让我受益匪浅，帮我认清了哪些课题是能够面向更广大受众的。在此我要感谢埃罗姆·沙哈，我们一起制作了好几部影片，包括四部为教师频道制作的专题片《用数字作画》，以及一部关于欧几里得证明质数无穷的影片，后一部还拍摄了我们的星期日联赛球队——维尔瓦哈克尼。在制作这些影片的过程中所研究的内容对于打造圣诞讲座都助益良多。

　　我和 BBC 合作的四集专题片《数学故事》为本书中的许多故事提供了扎实的史实依据。为此，我要感谢 BBC 的执行制作人大卫·欧奎夫纳，他对于数学的热爱催生了整个项目。而英国公开大学则为该项目提供了宝贵的资金和学术支持，使该项目得以顺利推出。而一旦开始拍摄，整个项目便成为真正的团队协力的成果，在此，我要特别感谢凯伦·麦克甘、克里希亚·德雷基、罗宾·戴什伍德、克里斯蒂娜·罗莉、大卫·贝利以及凯米·马杰克敦米。

写书，制作电视节目，打造活灵活现的数学讲座，这些都要花费时间。对于那些促成这些工作顺利完成的人，我深怀感激。查尔斯·西蒙尼比其他人更早认识到，一个在公众科学领域中有一席之地的人，是有机会也有空间来激发公众的科学兴致的。牛津大学向来支持我向公众层面传播数学知识的工作。而英国工程和自然科学研究委员会下属的启发人心的"资深媒体研究员"项目也为我提供了大量的宝贵支持。如果没有所有这些支持，我永远无法做出现在的这一切。

我还要感谢牛津的学生团体"数学魔术师"，他们在社会中播撒了数学的乐趣，也在各方面为我提供了大量帮助。其中许多学生都阅读了本书的前期版本，提出了许多关于配套 App 的精彩建议。托马斯·武雷则帮助打造了许多本书搭配的复杂的分形插图。

任何阅读此书的人大概都猜得到我非常热爱足球运动。而为星期日联赛球队维尔瓦哈克尼效力，则让我在每个周日得以畅快地出上一身汗（虽然因踢球造成的右手第五颗掌骨的骨折以及左手手腕多处损伤的手术的确造成了本书出版上的一些延误）。我支持的球队则是阿森纳，尽管他们已经有一段日子没有赢得奖杯了。观看他们的比赛，就像在眼前展开一场复杂的棋局。我相信他们球队的长椅上一定坐着一位数学家。而撰写本书，也为我带来了意料之外的足球红利：英格兰作家足球队竟打来电话邀请我加盟。

我想，作家球队中的每个人应该都会同意，他们亏欠最多的便是支持他们的家人。在此，我要感谢我的妻子沙妮及三个孩子托莫、马佳丽及伊纳，谢谢你们。还有我的猫，弗雷迪·永贝里，不幸的是，它因无法承受压力而离开了家，它最后现身的地点应该是在西汉姆附近。

目 录

第 1 章
奇事之永不终止的质数

　　1,2,3,4,5,……这些数字看上去非常简单，只要为前一个数字加上 1，就可得出后一个数字。但如果数字不存在，我们就很迷茫。阿森纳对阵曼联，谁赢谁输，我们无从知晓，两个队都有机会。想在本书的索引中查询些什么吗？好吧，在书的中间部分找到某个数字就能中彩票，但具体在哪里无法确知。而彩票本身呢？如果没有数字的话，彩票本身便失去了存在的可能。数字这门语言在我们了解世界的过程中发挥着根本性的重要作用，这一点的确是非常神奇的。

　　即使在动物王国中，数字也是至关重要的。一群动物会基于他们对敌群数量的判断来决定是迎战还是逃离。它们的求生本能部分取决于一种数学能力，不过，在数字显而易见的简洁性背后，还隐藏着一个巨大的谜团。

　　2,3,5,7,11,13,……这些数字都是质数，即不可分解因子的数字。质数是其他所有数字的基石，就像是数学世界里的氢元素和氧元素。作为数字中的主要角色，它们就像是镶嵌在无穷无尽的数字链条之上的一颗颗闪烁的宝石。

　　尽管质数十分重要，但仍是人类追求知识的道路上最难解的谜团之一。我们至今无法找到所有质数，因为没有能逐个算出质数的神奇公式。它们就像是埋在地底的宝藏，但无人握有藏宝图。

本章将介绍人类已经掌握的质数知识，看看世界各地的不同文化是如何尝试对质数进行研究和记录的，以及音乐家们如何用其探索切分音的节奏。我们还要弄清楚，人类为何利用质数与外星人沟通，以及质数为何有助于确保互联网信息的安全等。在本章的结尾，我会介绍一个关于质数的数学谜团，如果你能破解这一谜团，就会得到一百万美金的奖励。不过，在了解这个数学大难题之前，我们先来看一下这个时代最热门的一个数字谜团。

1.1 贝克汉姆为何选择 23 号球衣？

当大卫·贝克汉姆在 2003 年转会至皇家马德里时，对于他为何选择身披 23 号球衣这件事，坊间有很多猜测。大家都认为这是个很怪的选择，因为他之前在英格兰国家队和曼联队穿的都是 7 号球衣。但问题是，皇家马德里的 7 号球衣已经披在劳尔身上，而且这位西班牙斗牛士并不打算把 7 号战衣让给英国帅小伙。

贝克汉姆选择 23 号球衣这事儿催生了很多理论，其中最广为人知的是迈克尔·乔丹理论。皇马希望打入美国市场，从此就可以向美国庞大的人口销售大量的球衣。然而，足球（美国人喜欢称其为"英式足球"）在美国并不普及，美国人喜欢打篮球和棒球，这些比赛一场可以打到 100 比 98 分而且一定会分出胜负，而足球这种一场打满 90 分钟却可能以 0 比 0 结束或不分输赢的比赛，美国人认为毫无意义。

根据这个理论，皇马特意做了调查，结果发现，世界上最著名的篮球运动员当属芝加哥公牛队中得分最多的迈克尔·乔丹。而乔丹在整个球员生涯中身披的正是 23 号战袍，皇马只需将这个号码印在足球球衣的背后，然后双手合十，祈求与乔丹的这一点关联能够发挥它的魔力，帮助他们成功打入美国市场。

有些人觉得这一理论太过投机，但他们做出的推测更加阴险。比如，尤利乌斯·凯撒在被刺杀时正好身中 23 刀。那么贝克汉姆选择这个数字是不祥之兆吗？还有一些人认为，贝克汉姆做出的这一选择与他所喜爱的《星球大战》相关。（在第一部《星球大战》中，莉亚公主被关押在 AA23 号拘留处。）也可能贝克汉姆是混沌教派的一名秘密会员？混沌教派是一个崇尚混乱的当代邪教组织，他们神秘地痴迷于数字 23。

然而当我看到贝克汉姆选择这个号码时，脑中即刻浮现的是一个数学猜想。23 是个质数，质数只能被其本身和 1 整除。17 和 23 都是质数，因为它们无法由两个更小的数字相乘得出，而 15 则不然，因为它能够分解为 3×5。质数是数学中最重要的数字，因为所有其他整数均是由质数相乘得来。

以数字 105 为例，很明显，它能够被 5 整除，所以可以将其分解为 5×21。5 是质数，不可再拆分，但是，21 就不是质数，还可以继续拆分为 3×7。于是，105 便可以写做 $3 \times 5 \times 7$。这已经是我所能够拆分的极限了。最后得到的 3、5、7 均为质数，正是在这几个数的基础上，105 才得以构建起来。以上拆分方法可以应用在所有数字上面，因为，除了 1 之外的任何一个数字，要么是质数，不可拆分，要么就不是质数，能被拆分为几个较小质数的乘积。

质数就是用于构建所有数字的砖块。正如分子是由原子组成的（有各种原子，氢原子、氧原子、钠原子、氯原子等），数字 2、3、5 就是数学世界里的氢原子、氦原子和锂原子。这就是它们在数学中拥有至高无上地位的原因。而对于皇马来说，显然它们也很重要。

进一步研究过皇马队后，我开始怀疑球队中或许就有一位"替补"数学家。在稍作分析后，我发现，当贝克汉姆做出转会皇马这个决定的时候，皇马的所有核心球员均身披质数号码的球衣：卡洛斯（后防中坚）3 号，齐达内（中场核心）5 号，劳尔和罗纳尔多（锋线尖刀）则分别为

7号和11号。如此看来，贝克汉姆身披一件质数号码的球衣是不可避免的事情，而且他也非常喜爱这个号码，后来他转会洛杉矶银河队，坚持继续身披质数号码的球衣，希望用精彩的表现来赢得美国公众的芳心。

图　1-1

质数幻想足球游戏

请从本书网站上下载该游戏的 PDF 文件。在该游戏中，每位玩家控制 3 名造型简易的球员，然后选择不同的质数号码，把这些号码写在他们的后背上。接下来要借助于第 2 章提及的一个欧几里得足球。

球首先由第一队的一名球员控制，目的是使之通过对方球队的三名球员的防守。对方球队派出第一名球员前去应战。此时，投掷骰子，骰子共有 6 个面，分别为：白 3、白 5、白 7 和黑 3、黑 5、黑 7。骰子掷出后，你就要把你的质数号码和对方球员的质数号码分别除以 3、

5 或者 7，并取余数。如果骰子为白色，你的余数需要等于或大于对手
的余数。如果为黑色，则要等于或小于对手。

要想得分，你必须要通过对方球队的三名球员的防守，此后还要
越过对方球队随机选出的一个质数（犹如穿越守门员）。任何情况下，
如果对方胜出，那么交换控球权。得到控球权的一方将让获胜的球员
去通过对方的全部三名球员的防守。如果一方射门没有得分，那么换
对方拿球，该队任选一名球员开始。

游戏的胜负可以限定时间或以三球制胜的方式决出。

这种推测或许听上去不合情理，为何本该追求逻辑和理性的数学家
会如此无厘头呢？不过，在我自己的足球队维尔瓦哈克尼中，我同样也
身披一件质数号码球衣，因此，我感到和身着 23 号球衣的那个家伙有着
某种关联。我们这支星期日联赛球队当然没有皇马那么阵容浩大，而且
队里也没有 23 号球衣，因此我选择了 17 号球衣，这是一个很棒的质数
号码，后文我会再做介绍。但我们在第一个赛季的表现并不十分理想。
我们在伦敦的超级星期日联赛乙级联赛中打比赛，最终以垫底收场。幸
运的是，这已经是伦敦最低级别的联赛了，我们无需有降级的顾虑，摆
在面前的只有升级这一条路。

但是，如何改善球队在联赛中的地位呢？或许皇马发现了什么吧，
身披质数球衣是否会带来一些心理优势呢？我当时想，可能是我们的队员
大多都身披非质数号码（比如 8、10、15 等）的球衣吧。于是，在之后的
一个赛季，我说服大家改变球衣号码，披上质数号码的球衣：2、3、5、7，
直到 43。球队仿佛脱胎换骨。那一赛季结束后我们升到联赛甲级，但紧接
着下个赛季很快又重新跌回乙级。看来，这种质数魔法的魔力只能发挥
一个赛季。现在，我们正努力寻找一项新的数学理论，以此来鼓舞队员士气。

1.2 皇马守门员是否应身披 1 号战袍？

如果说皇马的核心球员均身披质数号码的球衣，那么守门员该穿哪个号码的球衣呢？换句话说，以数学方式来看，1 到底是不是质数呢？说是也行，说不是也行。（人人都爱这种类型的数学题目，正说反说都对。）两百年前，质数列表中是包含 1 的，它是第一个质数。毕竟 1 不可再分，因为唯一能整除它的整数就是它本身。但是现在，我们认为 1 不再是一个质数，因为质数最重要的一个属性就是，它们是构成所有数字的基石。只要我用一个质数乘以一个数字，便可得出一个新的数字。虽然 1 不可再分，但不管哪个数字乘以 1 后得到的依然还是它本身，基于这一点，我们把 1 排除在质数以外，这样一来，数字 2 便成了第一个质数。

最早发现质数潜能的当然并非皇马队。但究竟是哪个文明最先发现的呢？古希腊，中国，还是古埃及？事实上，在质数的发现问题上，数学家都败给了一种奇怪的小虫子。

1.3 为何美洲蝉中意 17 这个质数？

在北美洲的森林里，栖息着一种生命周期十分古怪的蝉类。这些蝉藏于地下长达 17 年，其间甚少活动，只是吸吮树木的根茎以获得养分。而在第 17 个年头的五月份，这些蝉只会集体钻出地面，侵入森林，而侵入每英亩①森林的蝉只数量就多达百万。

蝉为了获取异性的注意会向着对方鸣叫。数量庞大的蝉只一起和鸣则会制造出极为宏大的噪音，以至于每过 17 年，当这种蝉进入活跃期时，当地居民往往会暂时搬离，以求耳根清净。鲍伯·迪伦便是因为 1970 年

①1 英亩约为 6.07 亩。——编者注

在普林斯顿大学攻读学位时听到周围森林里出现的刺耳蝉鸣，才写下他那首叫做《蝗虫岁月》的歌曲。

当这些蝉只成功吸引异性并完成交配后，每只雌蝉会在地面上产下大约 600 只卵。然后，经过 6 周的狂欢，所有蝉只寿终正寝，森林将重回长达 17 年的宁静。下一代的蝉卵在仲夏孵化，其幼虫坠落在森林地表，然后钻进泥土中，寻找到根茎以吸取养分。然后，经过又一个 17 年的轮回，下一场蝉的狂欢将重新上演。

这些蝉能感受到 17 年的时光流逝，绝对是让人不可思议的生物工程。几乎没有蝉只会提前一年或推迟一年出洞。多数动植物所遵循的年度生命周期都是受气温和季节的变化所影响的。那么这些蝉只每隔 17 个地球公转周期后现身一次，又是因为什么呢？人们对此并没有确切的解释。

对数学家来说，最令人好奇的一点就是这类蝉选择的数字 17 是一个质数。它们为什么要选择在地底下度过 17 年这个质数的周期呢，这仅仅是巧合吗？似乎并非如此。除了此类蝉以外，还有一些种类的蝉会在地下度过 13 年的时间，另外也有几种喜欢在地下生活 7 年。上述这些数字全是质数。而如果一只 17 年周期的蝉确实提早钻出地面，它不会只提早一年，而通常会提早 4 年，其生命周期也因此转变成 13 年，这一点颇为惊奇。似乎冥冥中果真有什么质数仙子在协助这些蝉只物种。然而，到底是什么在作祟呢？

科学家对此并没有给出明确的结论，到底蝉类为何青睐质数，这里有一个数学上的推测。首先讲明几点事实。一片森林中只能栖息一个种群的蝉只，因此该解释并不涉及不同种群共享一片森林的情况。在大部分年份中，总会有一种质数蝉种出现在美国某些地区。但是，2009 年和 2010 年则是蝉类销声匿迹的年份。与此相反，2011 年，数量庞大的 13 年周期的蝉种在美国东南部破土而出。（意外的是，2011 本身刚好也是一个质数，但我并不认为蝉会聪明到这种程度。）

关于蝉的质数生命周期，迄今为止的最佳推测指出，森林中可能存在着一种蝉类的天敌，周期性地出现，而且其生命周期刚好对应蝉的出土时间，于是，它们便可饕餮不断涌现的美食了。接下来，物种的自然选择便开始发挥作用，保持质数生命周期的蝉类遭遇天敌的机会要远远小于非质数生命周期的蝉类。

图 1-2　100 年内，生命周期为 7 年的蝉类和生命周期为 6 年的天敌的遭遇情况

举例来说，假设其天敌每 6 年出现一次。那么 7 年生命周期的蝉类则会每 42 年才遭遇一次该天敌。相反，如果某种蝉类的生命周期是 8 年，

那么其遭遇该天敌的周期则是 24 年;而生命周期为 9 年的蝉类与天敌的遭遇机会则更多,每 18 年就有一次。

图 1-3   100 年内,生命周期为 9 年的蝉类和生命周期为 6 年的天敌的遭遇情况

在北美洲广阔的森林里面,究竟哪个物种占据了最大的一个质数,竞争似乎非常激烈。蝉类应对天敌的技巧非常娴熟,以至于其天敌要么饥饿而终,要么迁徙别处,只留下有着奇怪质数周期的蝉类独自狂欢。但我们接下来将要看到,蝉类并非世界上唯一一种利用质数作为切分节奏的生物。

蝉与天敌

请在本书配套网站上下载该游戏的 PDF 文件。

选择一种天敌和两个蝉类种群。按照 6 的乘法表序列来摆放天敌。每个玩家选择一种蝉类。游戏要借助于三个标准的六面骰子。通过掷骰子而显示的数字决定 你选择的蝉类家族的生命周期。比如，如果数字显示为 8，那么就按照 8 的乘法表来摆放蝉。但如果天敌已经占据了某个数字，那么就不可以再将蝉放在上面。比如，你不能把蝉放在 24 的位置上，因为天敌已经在这个位置上。游戏的规则是，谁留在板上的蝉的数量最多，谁就获胜。你可以通过改变天敌的生命周期（从 6 改到其他数字）而改变游戏。

1.4 为何质数 17 和 29 对时间的终结发挥着关键作用？

二战期间，法国作曲家奥利维埃·梅西安被囚禁在德军 8A 战俘营中。他发现狱友中有一位黑管手、一位小提琴手和一位大提琴手。于是，他决定创作一首四重奏，由这三个人和他自己来演奏，他负责弹钢琴。结果，20 世纪最伟大的乐曲之一《时间终结四重奏》问世。这首乐曲的首演观众是 8A 战俘营里的犯人和监狱管理人员，梅西安弹奏的则是一架从监狱仓库里寻来的破旧立式钢琴。

在第一乐章《纯洁的礼拜仪式》里，梅西安希望营造出一种时间无休无止的感觉，而质数 17 和 29 便在其中发挥了关键作用。小提琴和黑管交相奏出象征鸟的歌声的主题，而大提琴和钢琴则负责提供韵律节奏。在钢琴的韵律中，一个 17 音符的节奏序列循环往复，而配合该节奏的和弦序列则包含 29 个和弦。因此当 17 音符的节奏开始第二轮演奏时，和弦序列只进行到约三分之二的位置。选择质数 17 和 29 的效果就是它们分别作为韵律和和弦序列的基础，整个乐曲要到 17×29 个音符处才会重复。

正是这种持续变换的音乐营造出了梅西安所追求的永不终止的时间之感。这与蝉应对天敌时所采取的方法一样，与蝉的生命周期所对应的就是节奏部分，而与天敌的生命周期所对应的便是和弦的数量。两个不同的质数 17 和 29 使节奏和和弦不同步，因此，在你听到音乐复重之前，整篇乐章就已经结束了。

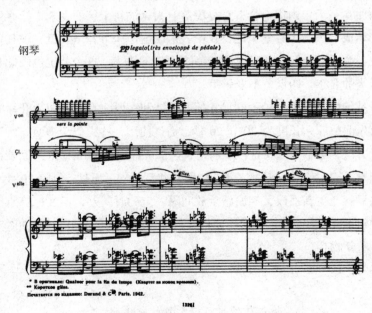

图 1-4 梅西安《时间终结四重奏》中的《纯洁的礼拜仪式》乐章。
      图中，第一条竖线是 17 音符节奏序列终止的位置，第二条竖
      线是 29 音符的和弦序列终止的位置

梅西安并非唯一一位在音乐中使用质数的作曲家。阿尔班·贝尔格同样也在音乐中加入了一个质数标记。和大卫·贝克汉姆一样，贝尔格所选择的也是数字23——事实上，他对这一数字非常痴迷。例如，在其《抒情组曲》中，23小节的序列构成了整个音乐篇章的结构基础，而倾入到这段乐曲中的则是贝尔格与一位富有夫人之间的恋情。他用一段10小节的乐曲来描述他的情人，并将该段乐曲融入在其标志性的23小节之中，通过数学和音乐的结合，贝尔格为这段恋情赋予了生命。

像梅西安在《时间终结四重奏》中运用质数一样，数学家们近日也尝试创造了一段这样的乐曲，虽然该乐曲不是永恒的，但他们做到了使该乐曲在一千年内都不会有重复段落。为见证新千年的到来，棒客乐队的创始成员杰姆·芬纳决定要在伦敦东区创作一个音乐装置，该装置将在下一个千禧年——公元3000年时首次出现重复。这个装置也因此有了个恰当的名字，叫做"不老乐手"。

芬纳以一篇由各种不同尺寸的西藏钵和锣所演奏的乐曲为开幕曲。这篇乐曲的原始长度为20分20秒，通过使用一些类似于梅西安所用的数学方法，芬纳才能将这段乐曲延长至能够播放1000年。6份原始音乐的副本可同时演奏，但是，演奏的节奏并不相同。而且，每隔20秒，每首曲目就会重新播放，和原始重放间隔一定的时间差，不过每首曲目变换的数量并不相同。正是变换曲目的数量保证了这些曲目直到1000年后才会重新吻合。

输入该网址可以听到此段乐曲：

http://longplayer.org。

　　为质数着迷的也并非只有音乐家，似乎各领域的艺术家都对此类数字有一种共鸣。作家马克·海登在他的畅销书《深夜小狗神秘习题》中只使用质数作为章节序号。故事的叙述者是一位患有阿斯伯格综合征的名叫克里斯托弗的男孩，他喜欢数学的世界，因为他了解这个世界的运行法则——这个世界的逻辑意味着没有太多意外。相比之下，人类之间的交往则充满着变数和非逻辑性的扭曲，对此，克里斯托弗无法应对。正如克里斯托弗的自白所述："我喜欢质数……我觉得质数就像生活一样，充满了逻辑和规律，但是我们即便终生思考也无法参透。"

　　质数的触角甚至延伸至电影领域。在一部未来主义惊悚片《心慌方》中，7 位故事人物身陷一个类似复杂魔方的迷宫建筑物中。其中每个房间都是立方型的，各自有六扇门，分别通往迷宫内的其他房间。电影开篇时，这些人物一觉醒来后发现自己身处迷宫之中。他们对于自己如何来到这里毫无头绪，但必须设法从中逃离。可问题是其中的一些房间内还设有陷阱。他们需要找到某种方法，在进入下一个房间之前能够判断该房间是否安全，因为等待他们的很有可能是各种各样的恐怖死法，包括被烧死、被泼硫酸、被碎尸等，其中就有一个人被割成无数小块。

　　琼这个角色是一位数学奇才，她忽然意识到每个房间入口处的数字决定了这个房间内是否藏有陷阱。好像是如果入口处的数字全是质数，那么，这个房间就是危险的。这七人团队中的队长对这一数学推论由衷赞叹，直言"你的脑袋可真聪明"。事实证明，他们还要提防这些质数的幂，这一点则超出了聪明琼的能力范围。他们必须依赖团队中的一位自闭症天才，最后，也只有这位"自闭症天才"从这一质数迷宫中生还逃脱。

　　正如蝉类所发现的那样，掌握数学知识是我们存活于世的关键。无法调动学生学习数学的积极性的老师都可以借助《心慌方》中的各种不同的恐怖死法作为他们的宣传手段，以此来激励学生学习质数的热情。

1.5 科幻小说作家们为何钟情质数？

当科幻小说家想使书中的外星人和地球沟通时，他们往往会碰到一个难题。他们是要假定外星人极其聪明，从而能够轻易掌握地球语言呢，还是要假定他们已经发明出一种"宝贝鱼"①式的翻译软件，来帮助他们和地球进行沟通呢，或者，干脆设定宇宙中所有的外星人都讲英语呢？

其中被许多作者采纳的一个解决方案是数学是唯一一门真正的宇宙语言，而且在这门语言中，所有人都应该先讲的几个词就是构成这门语言的基石——质数。在卡尔·萨根的小说《接触》中，为 SETI（搜寻地外文明计划）工作的爱莉·埃洛维捕捉到一段信号，她意识到这段信号并不是背景噪音，而是一系列的脉冲。她猜测这些脉冲代表的是二进制的数字。通过将其转换为十进制后，她突然发现其中存在着一种模式：59、61、67、71……全是质数。随着信号的持续，她更加确信这一推测，质数列表一路攀升，一直到 907。于是，她得出结论，这些信号不可能是随机的。有人正在向我们打招呼。

许多数学家都认为，即使宇宙的另一边存在着不同的生物学，不同的化学，甚至不同的物理学，但是，数学肯定是相同的。即使是围绕着织女星旋转的星球上生存的智慧生物，当他阅读一本讲述质数的数学书时，他仍将 59 和 61 视为质数。正如剑桥大学著名数学家戈弗雷·哈罗德·哈代所说的那样，这些数字之所以是质数，"并不是因为我们认为它们是质数，也不是因为人类特定的思维方式使然，而是因为它们本身就是质数，因为数学现实就是这么构建的"。

或许质数是整个宇宙都共通的数字，但是，我想知道类似于刚才我提及的那些故事是否在其他星球上也正在被讲述呢？这种想法还是很有

---

① 雅虎的一款在线翻译工具。——编者注

趣的。数千年来,我们研究着这些数字,不断探索出关于这些数字的真相。而且,在发现这些真理的道路中,我们在每一个脚印中都能看到一种特别的文化印记以及历史上特定时期中的数学主旨。那么,在宇宙的其他文化中,是否也发现了另外一些不同的视角,使其探索出一些我们尚不知晓的理论呢?

在建议使用质数作为交流手段方面,卡尔·萨根不是第一个,也不会是最后一个。甚至,NASA(美国国家航空航天局)也试图利用质数来和地外智慧生物建立联系。1974 年,他们就通过位于波多黎各的阿雷西波无线电望远镜朝着球状的 M13 星团方向发送了一段讯息。之所以选择 M13 星团,是因其恒星数量十分庞大,讯息被智慧体接收到的概率也会更大一些。

这段讯息包含一系列的数字 0 和 1,它们可以被排列成一张黑白像素的图片。重构的图像中包含以下内容:二进制中从 1 到 10 的数字,一段 DNA 结构的素描,一段表示太阳系的图像,以及一幅阿雷西波无线电望远镜的图像。由于该图像中只包含 1679 个像素,因此,它的清晰度并不高。但是,选择 1679 这个数字也是有意为之的,因为其中隐含着重构这些像素的线索。因为 1679=23 × 73,所以要在一个长方形中构建起这幅图像只有两种可能性。23 行 73 列的排列方式会呈现出一片混乱的图像,而 23 列 73 行的方式则呈现出正确的图像。M13 星团和我们地球之间的距离是 25 000 光年,因此,今天我们依然在漫长的等待中。就算能够

图 1-5　阿雷西波无线电望远镜向 M13 星团发送的讯息

收到回应，也至少要等上 50 000 年的时间！

虽然质数是通用的，但人类书写质数的方式在整个数学史中经历了极大的变化，而且，这些书写方式与特定文化是密切相关的。接下来简短地回顾各大文化中质数的书写方式。

以下是哪个质数？

图　　1-6

古埃及在早期的数学研究方面取得了一些成果，上图便是当时的人们书写 200 201 的方式。早在公元前 6000 年，古埃及人便放弃了游牧生活，开始定居在尼罗河沿岸。随着埃及社会日益成熟，人们在记录税收、测量土地和建造金字塔方面对数字的要求也越来越高。就像记载文字那样，埃及人也使用象形字来记载数字。基于 10 的幂数，他们建立了一套数字体系，如同我们今天使用的十进制系统。（之所以选择 10，并非是因为该数字在数学上有特别的重要性，而仅仅是因为人体结构上的一个现实——人类共有 10 根手指。）不过，他们尚未发明位值体系，这也是书写数字的一种方式，其中每个数字的位置分别对应 10 的相应幂数。比如，222 中的三个 2 根据它们各自的位置表示的数值也各不相同。事实上，古埃及人需要创造一些新符号来表示每个不同的 10 的幂数。

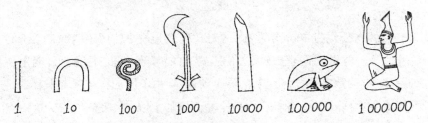

图 1-7 古埃及人对 10 的幂数的表述符号。其中，10 是一根抽象的
跟骨，100 是一个绳圈，1000 则是一棵睡莲

用这种象形字书写 200 201 这样的数字还算简单，但是，要用象形字书写质数 9 999 991，就得罗列出 55 个符号。尽管古埃及人没有认识到质数的重要性，但他们还是发明了一些成熟的数学理论，包括计算金字塔体积的公式以及分数的概念，这也没什么大惊小怪的。不过他们标记数字的方式并不十分成熟，不同于他们的邻居古巴比伦人使用的方式。

以下是哪个质数?

图 1-8

图 1-8 为古巴比伦人书写数字 71 的方式。和埃及帝国一样，巴比伦帝国也是栖息在一条大河——幼发拉底河周围。公元前 1800 年，古巴比伦人就控制了当今伊拉克、伊朗及叙利亚的大部分地区。为应付帝国的

运营和扩张，古巴比伦人成为管理和掌控数字的大师。他们的文字均记载在泥版上，书写者使用木棍或尖刀在湿泥版上刻下信息，然后泥板会慢慢变干。书写用的刀尖呈 V 型或楔形，因此，今人也称巴比伦文字为楔形文字。

　　大约在公元前 2000 年左右，古巴比伦成为最早使用位值数字系统的文化之一。但是，不同于埃及人使用的 10 的幂数，古巴比伦人发明出一种基于 60 的数字系统。其中，从 1 到 59 均由不同的符号组合来表示，而当数字达到 60 时，他们会在数字左侧增加 1 位，代表整个 60，这一点和十进制中当数字超过 9 时把 1 放置在十位上的道理相同。图 1-8 表示的质数包括 1 个 60 和 1 个表示 11 的符号，即 71。其中，59 以内的数字的表示符号也和十进制系统有一些潜在的联系，因为，从 1 到 9 的数字均由横线来表示，而 10 则由图 1-9 所示的符号表示。

图　1-9

　　从数学角度看，以 60 作为底要比以 10 作为底更合理。60 是个很容易拆分的数字，因此在计算方面会更加强大。比如有 60 颗豆子，我可以用多种不同方式把它们拆分开来：

$60=30 \times 2=20 \times 3=15 \times 4=12 \times 5=10 \times 6$

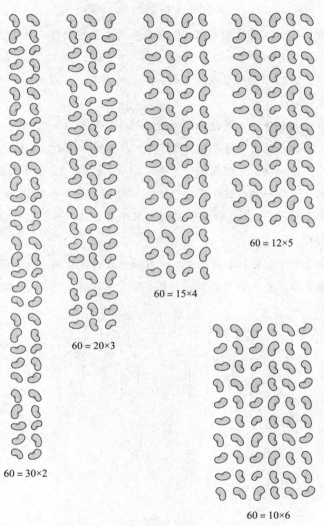

图 1-10 拆分 60 颗豆子的不同方式

如何用手指数出 60 个数

古巴比伦人选择的底数 60 在今天的世界中仍留有许多痕迹。比如，1 分钟有 60 秒，1 小时有 60 分钟，1 个圆的 360 度=6×60 度。证据显示，古巴比伦人曾以一种相当绝妙的方式，仅用手指便可以一直从 1 数到 60。

我们都知道，人类除拇指外的每根手指均由 3 块骨头构成。而每只手上除拇指外有 4 根手指，拇指则可以指到另外 4 根手指上 12 块骨头中的任何一块。像这样地，左手可以从 1 数到 12，右手的 4 根手指则用来表示你一共数过了多少个 12（右手可数出 4 个 12，加上左手 4 根手指上的一个 12），这样，通过两只手的合作，我们就可以从 1 一直数到 60 了。

举个例子，要表示质数 29，用右手的大拇指指向右手表示 2 个 12 的那根手指，左手的大拇指指向第 5 块骨头即可。

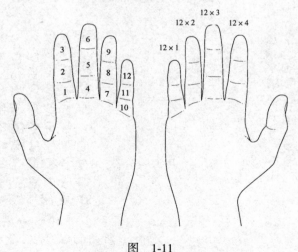

图　1-11

　　古巴比伦人离发现数学中一个十分重要的数字零只有一步之遥。人们用楔形文字书写数字 3607 时就会遇到一个麻烦。3607 是 3600，即 60 的平方，加上 7，但是，如果我照此书写的话，结果就会像是一个 60 加上一个 7，虽然 67 也是质数，但并非我要的那个。为解决这一问题，巴比伦人引入了一个小符号，用来标明该位置无需计数。于是，3607 便被写成图 1-12 所示这样。

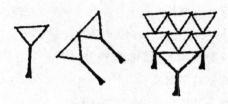

图　1-12

　　但他们并不把零本身当做一个数字。对他们来说，该符号只是用来表示位值系统中某个特定的 60 幂数的忽略不计。数学界要继续等待 2700 年的时间，直到进入公元 7 世纪，才由印度人首次引入了零这一数字，并对它的属性进行了探讨。古巴比伦人除发明书写数字的绝妙方式以外，还发现了第一个二次方程的解法，今天，每个孩子在学校都会学到这种解方程的方法。另外，对于有关直角三角形的毕达哥拉斯定理，他们也是最早的认识者。但并没有证据显示古巴比伦人知道质数的美妙所在。

以下是哪个质数？

图　1-13

中美洲的玛雅文明于公元 200 到 900 年间达到巅峰。整个文明从墨西哥南部一直延伸到危地马拉和萨尔瓦多。为了支持他们高超的天文运算能力，该文明发展出了一种十分成熟的数字系统，图 1-13 便是使用该系统书写的数字 17。和古埃及人以及古巴比伦人不同的地方在于，玛雅人采用的是一个以 20 为底的数字系统。他们用 1 点表示 1，2 点表示 2，3 点表示 3，就像囚犯在墙上画线数日子一样，当写到 5 时，不再点下第五个点，而是画一条线贯穿之前的那 4 个点。如此，一条直线便表示数字 5。

该系统是依据人类大脑能够快速分辨出较小数量这一特性而设定的，这一点的确十分有趣。我们能很快分辨出一个两个三个四个，但数量再多下去，判断就越来越难了。当玛雅人数到 19（3 条线 4 个点）后，他们便创造出一个新的位数来表示 20 的倍数。而再后面一位，按规律应该用来表示 400（20 × 20）的倍数，但奇怪的是，这位数字却被用来表示 360（20 × 18）的倍数。这种奇怪的安排源于玛雅历。在玛雅历中，一年包含 18 个月，一个月包含 20 天。（这样算下来一年只有 360 天。为了补足差的那 5 天，玛雅人又增加了一个月份来囊括这 5 个"坏日子"，这 5 天被视为凶日。）

有趣的是，和古巴比伦人一样，玛雅人也是用一个特殊符号来表示 20 的某个特定幂数的忽略不计。该数字系统中的每一位都关联着一位神祇，而每个位置上如果没有放置符号则被认为是对神祇的不敬。因此，玛雅人选择用一幅贝壳图画来表示空。关于该符号的创造，既有数学原因，也有玛雅人的迷信考量。和古巴比伦人相同的是，玛雅人也并未将零本身视为一个独立数字。

由于玛雅人的天文计算涉及漫长的时间周期，他们因此需要一种能够表示庞大数字的系统。其中一个时间周期是通过所谓的长计历来衡量的，该历法起始于公元前 3114 年的 8 月 11 日，使用 5 位数来计量，因此最长可计算 20 × 20 × 20 × 18 × 20 天，即整整 7890 年。2012 年 12 月

21 日在玛雅历中是一个重要的日子，在这一天，玛雅历将走到 13.0.0.0.0。就像汽车后座上的孩子等待汽车里程表"溢出"复零的那一刻，如今危地马拉人也开始为这一天的到来而兴奋，尽管在一些末日论者的眼中，这一天将是世界毁灭之日。

虽然右方图中都是字母而非数字，但这就是希伯来语中 13 的书写方式。在古犹太的根码替亚释义法传统中，希伯来字母表中的每个字母都有一个数字值。图 1-14 中，gimel 是第三个字母，yodh 是第十个字母。于是，将这两个字母组合起来便代表数字 13。表 1-1 中详细列出了所有字母的数字值。

以下是哪个质数？

图 1-14

表 1-1

希伯来字母	对应的英文字母	数 字 值
א, aleph	A	1
ב, beth	B	2
ג, gimel	G	3
ד, daleth	D	4
ה, he	H，E	5
ו, vav	V，U，O	6
ז, zayin	Z	7
ח, heth	Ch	8
ט, teth	T	9
י, yodh	I，Y，J	10
כ, kaph	K	20
ל, lamedh	L	30
מ, mem	M	40
נ, nun	N	50
ס, samek	S	60
ע, ayin	O，Ng	70
פ, pe	P	80

（续）

希伯来字母	对应的英文字母	数　字　值
צ, sadhe	Tz	90
ק, qoph	Q	100
ר, resh	R	200
ש, sin	Sh	300
ת, tav	Th	400

通晓犹太卡巴拉奥义的人喜欢玩不同文字中的数字值这样的游戏，以探索其中的关联。比如，我的姓氏的数字值如下：

Mem　*resh*　*kaph*　*vav*　*samekh*
　40　 +　200　+　 20　+　 6　+　　60　 =　 326

词语"man of fame"（名人）以及"asses"（蠢驴）也对应着同样的数值。而之所以数字 666 被认为是兽名数目[①]，其中一种解释就是它恰好就是罗马帝国中最凶残的一位皇帝尼禄（Nero）的名字所对应的数字值。

你可以根据表 1-1 中给出的数值计算你的名字所对应的数字值。如果想知道还有哪些单词对应相同的数字值，请访问 http://bit.ly/Heidrick。

虽然质数在希伯来文化中并未凸显出其重要性，但与质数相关的数字的重要性还是被凸显了出来。拿来一个数字，考察所有能整除它的数字（原数字除外），而且没有余数。如果这些因子相加以后正好得出最初

---

① 兽名数目是一个记载于《圣经·启示录》中的特别数目，与"兽名印记"有关，被认为是魔鬼的数字。最广为人知的兽名数目是 666。——编者注

那个数字，那么，该数字便被称为完全数。6 是第一个完全数，除 6 本身以外，它能够分解出的乘法因子包括 1、2 和 3。这三个数字全部加起来就能得到数字 6。第二个完全数为 28。28 的乘法因子包括 1、2、4、7和 14，这些数字相加之后又得到 28。根据犹太人的宗教信仰，世界是在 6 天内被创造出来的，而在犹太历中的阴历月份中，每个月只有 28天。这一现象在犹太文化中发酵，他们相信完全数都具有特殊含义。

这些完全数的数学和宗教属性同样也得到了基督教评论者的注意。圣奥古斯丁（354—430）在他著名的《上帝之城》中写道："6 本身就是个完全数，并非因为上帝在 6 天内创造了一切。反过来说才是准确的，上帝之所以在 6 天内创造一切，正是因为该数字是完美的。"

有趣的是，这些完全数背后隐藏着质数的踪迹。每个完全数都对应着一个被称为梅森质数的特殊质数（本章稍后会详细介绍）。迄今为止，我们只知道 47 个完全数，其中最大的一个共有 25 956 377 位。这些完全数都是偶数，并且都可分解成 $2^{n-1}(2^n - 1)$。而且只要当 $2^{n-1}(2^n - 1)$ 是一个完全数时，其中的 $(2^n - 1)$ 必为质数，反之亦然。我们尚未发现任何一个为奇数的完全数。

你可能认为图 1-15 表示的是质数 5，它看上去非常像 2+3。但实际上，中间的符号并非加号，而是中文里的数字 10。以上三个数字放在一起表示两个 10 加上 3，即 23。

以下是哪个质数？

图　1-15

这种传统的中文书写方式并未使用位值体系，而是为每个不同的 10 的幂数提供一个符号。但在另外一种用竹签记数的系统中则采用了位值体系。这一系统是从算盘演化而来的。在算盘中，每当前一列里的数字超过 10 时，便另起一列。

图 1-16 所示是用竹签记数的系统中数字 1 到 9 所对应的符号。

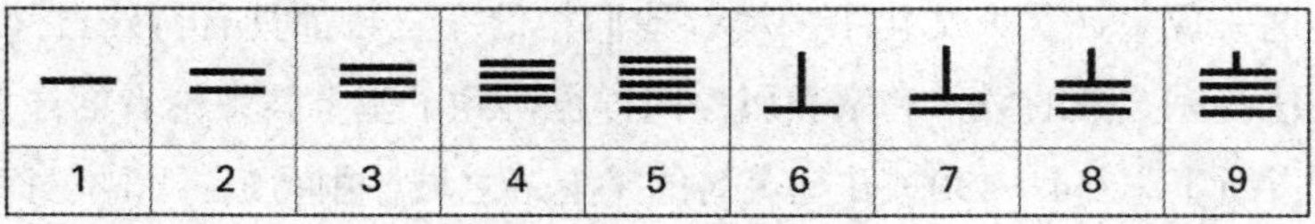

图　1-16

为避免混淆，每隔一位（十位、千位、十万位……），他们会把数字翻个个，使竹签竖过来。如图 1-17 所示。

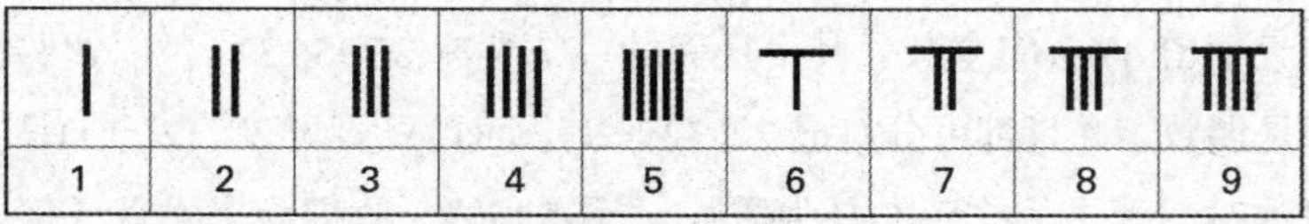

图　1-17

古代的中国人甚至有了负数的概念，正负数分别由不同颜色的竹签来表示。西方对于红黑墨水的使用据说正是来自于中国人对于红黑竹签的运用，但有趣的是，中国人用黑色竹签表示负数。

中国文化可能是最早认识到质数重要性的文化之一。中国人认为每个数字都有性别，偶数为阴，奇数为阳。他们还意识到某些奇数尤其特别。例如，如果有 15 块石头，你可以用三排五列的方式将其摆成一个规则的长方形；但如果有 17 块石头，则无法进行这样的排列，你只能将所有石头摆成一条直线。因此，对中国人来说，质数是一些最具阳刚气概的数字。而其他那些非质数的奇数，尽管也是阳性，但多少有些阴柔气质。

这一古中国人的视角捕捉到了质数最本质的属性——若无法将一堆

石头排列为一个整齐的长方形的话，那么，石头的数量便为质数。

综上所述，我们了解到古埃及人用青蛙图片来描述数字，古玛雅人使用点和线，古巴比伦人在粘土板上刻字，古中国人排列竹签，而在希伯来文明中，字母中则包含着数字含义。虽然古代中国或许是首个认识到质数重要性的文明，但真正揭示出这些神秘数字神奇之处的则是另外一个文明——古希腊。

1.6　古希腊人如何用筛子来找出质数？

以下是古希腊人发现的一种系统性的筛选较小质数的高效方式，目的就是找到一种能很快剔除非质数的有效方法。首先，依次写下 1 到 100 的所有数字。然后剔除掉数字 1。（前文已经提到过，虽然古希腊人将 1 视为质数，但 21 世纪的我们不再这么认为了。）接下来看第二个数字 2，它是第一个质数。然后将 2 之后每隔一个的数字全部剔除掉。这样便可以一下子将所有 2 的倍数都筛掉了，也就是剔除掉除 2 以外的所有偶数。数学家喜欢开玩笑说，因为 2 是唯一一个偶质数，因此 2 也是个奇质数（odd prime）。[①]不好笑吧？幽默大概并非数学家的强项。

~~1~~	2	3	~~4~~	5	~~6~~	7	~~8~~	9	~~10~~	11	~~12~~	13	~~14~~	15	~~16~~	17
~~18~~	19	~~20~~	21	~~22~~	23	~~24~~	25	~~26~~	27	~~28~~	29	~~30~~	31	~~32~~		
33	~~34~~	35	~~36~~	37	~~38~~	39	~~40~~	41	~~42~~	43	~~44~~	45	~~46~~	47		
~~48~~	49	~~50~~	51	~~52~~	53	~~54~~	55	~~56~~	57	~~58~~	59	~~60~~	61	~~62~~		
63	~~64~~	65	~~66~~	67	~~68~~	69	~~70~~	71	~~72~~	73	~~74~~	75	~~76~~	77		
~~78~~	79	~~80~~	81	~~82~~	83	~~84~~	85	~~86~~	87	~~88~~	89	~~90~~	91	~~92~~		
93	~~94~~	95	~~96~~	97	~~98~~	99	~~100~~									

图 1-18　剔除 2 之后的每隔一个的数字

---

① 英语中的 odd 既表示奇数，也表示奇怪。——译者注

现在我们看到的最小的而且还未被剔除的那个数字就是 3，然后再系统地剔除那些是 3 的倍数的数字。

图 1-19 剔除 3 之后的每隔二个的数字

因为 4 已经被剔除掉了，我们直接来看数字 5，然后将所有数字 5 以后的每隔四个数字的数字都剔除。接下来就是不断重复这一过程，每次剔除完后，回到前面最小的一个还未被排除的数字 n，然后将其后每隔(n-1)个数字的数字都剔除掉：

图 1-20 最后，我们便得出了 100 以内的所有质数

上述方法的美妙之处就在于它是非常机械化的，不需要动太多脑力就能完成。比如，数字 91 是质数吗？如果你使用上述方法，那么你根本

就勿需思考。当你在剔除所有 7 之后的每隔 6 个数字的数字时,因为 91=7×13,它就已经被剔除了。但话说回来,91 的确是个不容易确定的数字,通常在我们背乘法表的时候,不会涉及 13 倍这么大的倍数。

以上这种系统化的操作方法是一个很好的程序算法,即通过采用一套特定指令来解决问题,这便是计算机程序的基本运行原理。这一特定算法出现在两千年前一个活跃的数学发源地:亚历山大港。亚历山大港位于当今埃及境内,是当时古希腊帝国的前哨城市之一,据称拥有全世界最好的图书馆。大约在公元前三世纪,图书管理员埃拉托斯特尼发明了这个最早的用于寻找质数的计算机程序。

它被称为埃拉托斯特尼筛法,因为,在每次剔除非质数的过程中,就好像你在使用一个网格筛子,根据不断出现的新质数设定相应网格之间的间距。第一次使用筛子时,每两条网格相隔 1 个数字,然后相隔 2 个,然后相隔 4 个,以此类推。唯一的问题是当我们尝试筛选较大的质数时,这个方法就不那么高效了。

除了筛选质数以及照管图书馆中的成千上万的纸莎草纸和牛皮纸卷以外,埃拉托斯特尼还计算出地球的圆周长度,以及地球和太阳及月亮之间的距离。他计算出太阳与地球的距离是 804 000 000 个运动场的距离,不过他用的这种测量单位让人很难评估数据的准确性。我们应该以哪种运动场的长度作为一个斯塔德呢?是温布利大球场,还是小一点儿的比如洛夫特斯路的球场?

除了测量太阳系的大小以外,埃拉托斯特尼还绘制出了尼罗河的河道图,并首次给出了尼罗河频繁泛滥的准确原因:远在埃塞俄比亚的河流源头处的大雨。他还创作诗歌。尽管他有这么多成就,朋友们还是给他起了一个外号,叫做贝塔,因为他哪件事都不精通。据悉,暮年的他双目失明,绝食自尽。

你现在就可以在蛇梯棋棋盘上实践埃拉托斯特尼筛法,每剔除一个数，就把一截意面放在那个数所在的格子里。剩下的就都是质数了。

1.7 写下全部质数需要多少时间？

任何试图写下所有质数的人都将陷入无休无止的书写之中，因为这些数字是无穷无尽的。我们为何会如此坚定地相信永远也不会出现最后一个质数呢？真的会一直有新质数在前面等着我们吗？对于该问题的回答代表了人脑最伟大的成就之一，那就是利用有限的逻辑步骤捕捉到无限。

首位证明质数无穷无尽的是一位生活在亚历山大港的希腊数学家欧几里得。他是柏拉图的学生，同样生活在公元前 3 世纪，他大概比图书管理员埃拉托斯特尼早出生 50 年左右。

为证明质数的无穷无尽，欧几里得首先反证，即是否可能只存在有限的质数。倘若如此的话，通过这些有限质数的彼此相乘必须能得到所有其他数字。比如，假设你认为列表上只存在三个质数：2、3 和 5。那么，是否通过这三个数字的乘积组合，能得出所有其他数字？欧几里得想出一种方法，可以找出无法被这三个质数捕捉到的数字。首先将三个数字相乘可得到数字 30。然后在其基础上加上 1（这正是欧几里得的天才之举）就得到数字 31。那么列表中的所有数字 2、3、5 都无法整除 31，不论怎么除，最后都会得到余数 1。

欧几里得知道所有数字都可以通过质数之间的相乘而得出，那么 31 是怎么回事呢？由于它无法被 2、3 或 5 整除，因此一定存在其他不在列表上的质数创造出了 31 这个数字。实际上，31 本身就是质数，欧几里得于是发现了一个"新"的质数。你可能会说我们直接把这个新的数字加入到列表中就万事大吉了。但是，即便如此，欧几里得又能以相同的方法再操作一次。不管质数表多么庞大，他都可以通过将列表中所有质数相乘再加上 1 而创建出一个新的数字，这个数字不管除以列表中哪个质数，最终都会得出余数 1。因此，这一新的数字必须能够被不在列表上的质数整除。如此，欧几里得便证明出不存在一个能够包含所有质数的有限列表。因此，质数必然是无穷无尽的。

虽然欧几里得证明了质数的无穷无尽，但其中仍然存在一个问题——它并未指出这些质数的位置在哪儿。你或许认为他的方法给出了一种寻找新质数的方式。毕竟，当我们将 2、3 和 5 相乘后再加 1，就得到了一个新质数 31。但情况并非每每如此。例如，如果列表中包含质数 2、3、5、7、11 和 13。将以上数字相乘后得到 30030，再加 1 后得到数字 30031。该数字无法被 2 至 13 中的任一质数整除，因为最终总会得到余数 1。但它仍然不是一个质数，因为 30031 能被另外两个不在列表上的质数 59 和 509 整除。事实上，数学家至今仍不能判断，这种求一个有限质数列表乘积再加 1 的方法能否无限次地给出新的质数。

> 这里有一段我们球队身着质数球衣的视频，其中解释了为何质数是无穷无尽的。请参考 http://bit.ly/Primenumbersfootball。

1.8 为何我的两个女儿的中名分别叫 41 和 43?

如果无法在一张表格中写下所有质数，那么，或许我们能找到一种模式，帮助生成新的质数。是否存在一些巧妙的办法，可以通过观察已知的质数来确定下一个质数的位置呢？

以下是我们通过埃拉托斯特尼筛法筛选出来的 100 以内的质数：

2、3、5、7、11、13、17、19、23、29、31、37、41、43、
47、53、59、61、67、71、73、79、83、89、97

质数麻烦的地方就在于，要确定下一个质数的位置是件十分困难的事情，因为在质数序列中似乎不存在任何模式。实际上，它们看上去更像一系列的彩票号码，而非构建数学的基石。就像我们在等公交时，很可能一下子来好几辆，也有可能半天都不来一辆。质数也是这样，可能相邻的两个质数之间差距甚远，也可能在短距离内连续出现好几个质数。这便是十分典型的随机过程，在第 3 章中我们会就此做相关介绍。

除数字 2 和 3 以外，其他质数之间哪怕距离再近也是彼此相隔的，比如 17 和 19，或者 41 和 43。因为像这样的两个数字之间的数字必为偶数，因此就不可能是质数。这种质数之差为 2 的两个相邻质数被称为孪生质数。我对质数十分痴迷，因此，差一点就给我的双胞胎女儿分别起名叫 41 和 43 了。毕竟，克里斯·马丁和格温妮丝·帕特洛能管他们的孩子叫苹果（Apple），弗兰克·扎帕能把他的女儿分别叫月球单位（Moon Unit）和薄松饼鸽子女神（Diva Thin Muffin Pigeen），我为什么就不能给她们起名叫 41 和 43 呢？只可惜，太太对此事不那么热心，最终，这两个数字只成为我给孩子们起的"秘密"中名。

尽管随着数字越来越大，质数出现的几率也越来越小，但新的孪生质数还是经常出现在我们的视野之中，这一点还是很特别的。例如，质数 1129 之后的 21 个数字中完全没有其他质数，21 个数字之后却突然出来 1151 和 1153 这两个孪生质数。而质数 102 701 之后连续经过了 59 个非质数，又一下子遇到 102 761 和 102 763 这一对孪生质数。2009 年初发现的一对最大的孪生质数的位数达到了 58 711 位。鉴于人类可见的宇宙中所拥有的原子数量只达到 80 位的数量级，我们大致可以了解到上述质

数是多么不可思议地大。

那么，是否还存在更大的孪生质数呢? 多亏欧几里得的证明，我们知道还是会无休止地寻找出更多的新质数，但是孪生质数是否也无穷无尽呢? 迄今为止，尚未有人就此提出一个像欧几里得一样巧妙的论证。

在某个阶段，孪生子似乎是解开质数谜团的关键所在。在《错把太太当帽子的人》一书中，奥利弗·萨克斯描述了一对孪生自闭学者症患者的真实故事，他们使用质数作为一种秘密语言。双胞胎兄弟坐在萨克斯诊所的椅子上，互相说着巨大的数字。一开始，萨克斯完全被他们之间的对话弄糊涂了，后来有一天晚上，他终于破解了他们之间的密码谜团。在努力牢记了一些质数后，萨克斯决定验证一下自己的推测。第二天，当双胞胎互相交换 6 位数字时，他也加入其中。萨克斯趁两人的质数行话出现间隙的时候，脱口而出一个 7 位数的质数，两位双胞胎吃了一惊。他们坐着思索了一会儿，因为 7 位数的质数已经超出了他们迄今为止彼此所说的质数极限。不一会儿，两人不约而同地笑了，仿佛认识了一位新朋友。

在萨克斯处治疗期间，双胞胎兄弟一直将质数位数增加到了 9 位。当然，假如两人只是简单地相互诉说奇数或者平方数什么的，整件事情也就不足为奇了。但这里的惊人之处在于，质数的排列完全是随机的，没有任何规律可言。对该现象的一个解释涉及两兄弟拥有的另外一项能力。他们二人时常会登上电视屏幕，向观众展示他们的惊人能力，诸如说出 1901 年 10 月 23 是星期三之类。算出一个指定的日子是星期几，这里面涉及一种叫做模算术或时钟算术的方法。或许这两位双胞胎也发现时钟算术也是确定质数的关键所在。

选择一个数字，比如说 17，然后计算出 2^{17}，之后用此数除以 17 得到的余数为 2，这便可以证明 17 是一个质数。这种检验质数的方法常被误认为是中国人发现的，实际上，它是由 17 世纪的法国数学家皮埃尔・德・费马发现的。他证明出，如果余数不是 2，便可确定 17 不是质数。一般来讲，如果你想检验数字 p 是否为质数，那么就计算出 2^p，然后再用该数字除以 p 。如果余数不是 2，那么 p 就不是质数。于是，有些人就猜测，鉴于那对双胞胎能够计算出星期几的才能，而对于星期几的计算也涉及一种类似的除以 7 求余数的技巧，因此，他们在确定质数时，大概便使用了上述方法。

一开始，数学家认为，如果 2^p 除以 p 后确实得到余数 2，那么 p 就是质数。但是，实际上这一检验方法并不能得到如此确定的结论。341=31×11，因此 341 不是质数，但 2^{341} 除以 341 后却能得出余数 2。这个例子直到 1819 年才被人们发现，或许那对双胞胎早已掌握了更成熟的能够剔除掉 341 的检验方法。费马指出，该方法不仅限于 2 的幂，而是可以扩展到 n 的幂，对于任何比 p 小的数字 n，使得 n^p 除以质数 p 后得出余数 n。如果套进某个 n 值后，上述结果不成立，那么便说明 p 只是个冒名质数而已。

例如，3^{341} 除以 341 后得到的余数不是 3，而是 168。但双胞胎兄弟不可能验证完所有小于候选质数的数字：对他们来说，这需要太多的测算。不过，伟大的匈牙利质数奇才保罗・埃尔德什评估出（尽管他没有给出十分严谨的证明），要验证一个小于 10^{150} 的数字是否为质数，只要通过一次费马的检验程序，就能知道该数字为非质数的几率小于 10^{43} 分之一。因此，对这对双胞胎兄弟来说，或许只进行一次验证便足以让他们享受到发现质数的喜悦。

1.9　质数跳房子游戏

这是一个需要两位玩家参与的游戏，在玩游戏的过程中，如果对孪生质数有所了解，那么你的胜算几率会大增。

首先，依次写下 100 以内的数字，或从本书配套网站上下载质数跳房子游戏模板。第一位玩家先拿一颗筹码放在一个质数上，摆放的位置距离数字 1 的方格不可超过 5 步。下一位玩家要把一颗筹码放置在一个更大的质数上面，且距离玩家一摆放的位置不可超过 5 步。接下来第一位玩家照着做，并把筹码放到更大的质数上面，而且距离第二位玩家先前摆放的位置不可超过 5 步。无法根据规则走下一步棋的玩家便认输。游戏规则为：(1)筹码距离前面筹码的距离不得大于 5 步；(2)筹码必须放在质数上面；(3)筹码不能放着不动，也不能往反方向走。

图 1-21　质数跳房子游戏案例，一次最多只能走 5 步

图 1-21 给出了一个典型的对战图。其中，第一位玩家输掉了比赛，因为下一位玩家的筹码放在质数 23 上，而 23 之后的 5 个数字都不是质数。那么，玩家 1 能否有一个更好的开局呢？如果你仔细观察上述局面，就会发现只要过了 5 这一关，后面也就没有多少选择了。谁能把筹码放在 5 上谁就是最后的赢家，因为在后面的一轮中，他将从 19 走到 23，从而使对手下一步无棋可走。因此，开局是至关重要的。

我们不妨来修改一下游戏规则，玩家可以移动的最大步数从 5 步改为 7 步。现在，玩家可以跳得更远一点。特别的是，双方都可以顺利地通过 23 这个关口，从而可以把筹码放在 6 步之外的 29 上面。那么现在，开局依然重要吗？游戏将在哪里结束呢？亲自试验一下，你就会发现，这一次的选择要比刚才多多了，尤其是当你碰到一对孪生质数时。

初看之下，由于可走的棋路很多，似乎开局无关紧要。再仔细看一下，你就会发现，如果对手把筹码放在 89 的位置上，那么你便输掉了游戏，因为下一个质数一直要数到 97 才行，而 97 在 89 的 8 步以外。再回顾之前走过的棋，我们会发现，67 后的这一步十分重要，因为，此时你面对的是两个孪生质数 71 和 73，对于将筹码放在哪一个质数上面，需要作出选择。这一选择将决定游戏的输赢，因为此后的每一步都是别无选择的。不管哪位玩家把筹码放在 67 上，他都会赢，而 89 则似乎没那么重要。那么，你怎么能确保一定能把筹码放在 67 上呢？

继续回顾前面的棋路，结果我们发现，玩家在面对质数 37 的时候都要做出慎重的选择。37 之后，你就要把筹码放在我两个女儿的"秘密中名"的孪生质数 41 和 43 上。如果你放在 41 上，你肯定就能拿下这场游戏。现在看来，谁能迫使对手把筹码放在 37 上，谁就能左右整个棋局。用这种方法继续向回看则会揭示出，这里的确存在一个决定输赢的开局。把筹码放在 5 上面，此后便能保证由你自己来面对所有上述的那些关键选择，进而确保把筹码放在 89 上面，使对手无路可走，从而赢得游戏。

如果我们继续增加最多可以跳动的步数呢？游戏还是否一定能决出胜负呢？假如我们将最多跳动的步数定为99步，我们能确定游戏不会没完没了地进行下去吗？你总是可以在 99 步之内找到下一个质数来安放你的筹码吗？毕竟，大家都知道质数是无穷无尽的。因此，大概在某种情况下，你只要不停地从一个质数跳往下一个质数即可。

实际上，证明出游戏一定会结束这一点还是有可能的。不管你将最多跳跃步数设定成多大的一个数字，总会有比这个数字更大的一个范围，在其中找不到任何一个质数，这时，游戏便会终结。下面让我们来看如何找到 99 个非质数的连续数字。取数字 $100 \times 99 \times 98 \times 97 \times \cdots \times 3 \times 2 \times 1$。这一数字称为 100 的阶乘，我们可以将其写为 100!。接下来，我们要利用与该数字相关的一个重要事实：100!能够被从 1 到 100 之间的任何数字整除。

然后看下面的这组连续数字：

100!+2，100!+3，100!+4，…，100!+98，100!+99，100!+100

(100!+2)不是质数，因为它可以被 2 整除。同样，(100!+3)也不是质数，因为它能够被 3 整除。（100!能够被 3 整除，所以在此基础上加 3，所得到的数字依然能够被 3 整除。）依此类推，以上所有数字皆非质数。比如(100!+53)，由于 100!能被 53 整除，所以加上 53 后依然能被 53 整除。以上便是 99 个连续的非质数数字。我们之所以从(100!+2)开始，而没有从(100!+1)开始，是因为通过这个方法，只能推断出(100!+1)能被 1 整除，而这一点并不能帮助我们判断该数字是否为质数。（实际上它并不是。）

因此，我们可确定当最多跳跃数设为 99 时，该质数跳房子游戏还是会在某一位置上终结。不过，100!已经是一个巨大得不可思议的数字，实际上，在遇到这个数字之前游戏早就结束了：在质数 396 733 之后就能遇到首次连续 99 个非质数数字。

> 关于跳房子游戏里，当最多跳跃步数越来越大后，
> 游戏将终结在何处的相关信息，你可以在以下网
> 站中查到：http://bit.ly/Primehopscotch。

　　该游戏明显揭示了质数在数字世界中的分布是多么地飘忽不定。初看之下，我们无从知晓下个质数的位置所在。不过，若无法找到一种巧妙的方法，来帮助我们从一个质数寻索到下一个质数，那能否至少提出一些巧妙的公式来构造质数呢？

1.10　兔子和向日葵能帮助我们找到质数吗？

　　数数向日葵上面的花瓣，通常有 89 颗，这是一个质数。一对兔子经过 11 代繁殖后的种群数量也是 89。难道兔子和向日葵花都已发现寻找质数的秘诀了吗？事实并非如此，它们之所以喜欢 89 这个数字，并非因为它是质数，而是因为它正是自然中意的数字之一：它属于斐波纳契数列。这是意大利比萨的数学家斐波纳契在 1202 年研究兔子的繁殖方式（更多是在生物学意义上而非数学意义上）时所发现的重要的数字序列。

　　一开始，斐波纳契设想有一对幼兔，雌雄各一只。并将这一起始点称为月份 1。到了月份 2，幼兔进入成年，开始生育，并在月份 3 诞下一对新的幼兔。（为方便这一思想实验的进行，每一窝幼兔均包含一雌一雄。）在月份 4，第一对成年兔又产下一对幼兔。而它们产下的第一对幼兔也进入了成年期，于是，现在便有两对成年兔子和一对幼兔。在月份 5，两对成年兔子各产下一对幼兔。而月份 4 出生的那对幼兔也进入了成

年期。于是,到月份 5 的时候,一共有三对成年兔子和两对幼兔,即总共有 5 对兔子。因此按月计算,兔子的对数依次为:

$$1, 1, 2, 3, 5, 8, 13, 21, 34, 55, 89, \cdots$$

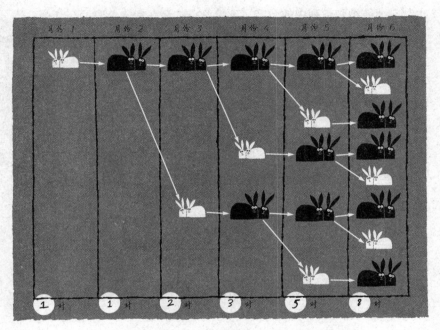

图 1-22　斐波纳契数列是计算兔子种群增长的关键

记录这些不停繁殖的兔子是一件令人头疼的事情,斐波纳契后来找出了一个延续该序列的简单方法:只要将前面两个数字相加即可得出序列中后一个的数字。两个数字中相对大的数字代表当时兔子的对数,它们都会在下个月继续存活下去;而两个数字中较小的那一个则代表种群中成年兔子的对数,这些成年兔对将会在下个月各产下一对新的幼兔。因此,下个月的兔子对数便为这两个数字的和。

有些读者可能在阅读丹·布朗的《达芬奇密码》时读到了关于斐波纳契数列的内容。实际上，该序列就是主人公在通往圣杯的道路上第一个需要破解的密码。

喜欢这些数字的也并非只有兔子和丹·布朗。植物花瓣的数量通常也都是斐波纳契数列中的数字。延龄草有 3 瓣花瓣，紫罗兰有 5 瓣，飞燕草有 8 瓣，万寿菊有 13 瓣，菊苣有 21 瓣，除虫菊有 34 瓣，向日葵则通常有 55 甚至 89 瓣。也有一些植物的花瓣的数量是斐波纳契数列中的数字的二倍，比如某些品种的百合，其花朵由两朵花组合而成。如果你家里的花的花瓣数量不符合斐波纳契数列中的数字，那么一定是有花瓣掉落下来了吧……数学家就是这么给圆回来的。（我不想被那些愤怒的园丁寄来的信所淹没，先承认的确存在一些除枯萎花瓣以外的例外情况。比如，星状花通常的花瓣数量就是 7。毕竟，生物学不像数学那么严谨。）

除花朵以外，在松果和菠萝上也可以发现斐波纳契数列中的数字。切开一只香蕉，你就会发现它是由三个部分组合而成的。而从一个苹果的茎部一刀切至底部，你就能看到一个五角星的形状。如果切开一个莎隆果，你就能看到一个八角星的形状。不管斐波纳契数列是否与兔子种群的数量、向日葵或水果的生长结构有关，这些数字总会在涉及生长的时候出现在我们的视野之中。

贝壳演变的方式同样也与这些数字存在着紧密关联。蜗牛幼虫的外壳起初很小，随着蜗牛的成长，它就会一圈接着一圈地建造房子。但是，由于施展空间有限，它只能简单地在原有房屋的基础上增加一个面积等于之前两个房间之和的新房间，这一点正和斐波纳契数列一样——后面的一个数字是此前两个数字的和。这一生长过程虽十分简单，却制造出了一个十分美妙的漩涡式形状。

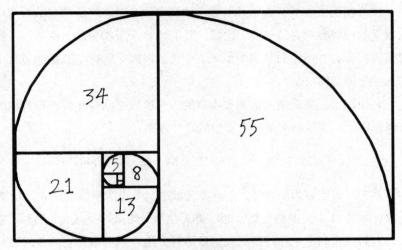

图 1-23 如何使用斐波纳契数列来建造一个贝壳

事实上, 此类数字完全不应该以斐波纳契的名字来命名, 因为他不是首个偶然发现此类数字的人。这些数字甚至不是由数学家发现的, 而是由中世纪印度的诗人和音乐家发现的。印度诗人和音乐家热衷于探索长短音节组合所能构成的所有可能的节奏和结构。如果一个长音是一个短音长度的两倍, 那么在一定数量的节拍中, 到底会有多少种不同的组合模式呢? 比如, 在 8 个节拍中, 你可以放入 4 个长音或 8 个短音。但是, 在这两种极端的可能性之间还有许多不同的组合方式。

公元 8 世纪, 印度作家维拉汉卡决定接受挑战, 探索一下到底有多少种不同的节奏存在。他发现随着节拍数量的增加, 可能的节奏模式的数量会按照以下序列依次增加: 1, 2, 3, 5, 8, 13, 21, …和斐波纳契一样, 他也意识到, 要得到数列中的后一个数字, 只需将前面的两个数字相加即可。于是, 当我们想知道 8 个节拍中有多少种节奏的可能性时, 只需查看序列中的第 8 个数字即可, 即由 13 和 21 相加所得来的 34, 因此, 8 个节拍中共有 34 种不同的节奏组合。

或许相比斐波纳契兔子种群数量增长来说，对这些隐藏在节奏背后的数学的理解要更容易一些。比如，要了解 8 个节拍中的节奏数量，你只需要在所有 6 节拍的节奏中加入一个长音，或在所有 7 节拍的节奏中加入一个短音即可。

话说回来，斐波纳契数列和本章的主角质数之间存在着一种有趣的关联。以下是斐波纳契数列中靠前的几个数字：

1，1，2，3，5，8，13，21，34，55，89，144，…

其中，每当 p 为质数时，第 p 个斐波纳契数也为质数。例如，11 为质数，而第 11 个斐波纳契数字 89，亦是质数。如果这一点成立的话，那么，人们便找到了一种寻觅更大质数的好方法。只可惜，它并非总是站得住脚的。例如，虽然 19 是质数，但第 19 个斐波纳契数 4181 并不是质数，因为 4181=37 × 113。到目前为止，尚未有科学家论证出，是否斐波纳契数列中有无限的数字都是质数。这一点则又是众多有关质数的未解之谜中的一个。

1.11　如何利用大米和棋盘找到质数？

传说国际象棋是由一位印度数学家发明的。国王十分感谢这位数学家，于是就请他自己说出想要得到什么奖赏。这位数学家想了一分钟后就提出请求——把 1 粒米放在棋盘的第 1 格里，2 粒米放在第 2 格，4 粒米放在第 3 格，8 粒米放在第 4 格，依次类推，每个方格中的米粒数量都是之前方格中的米粒数量的 2 倍。

国王欣然应允，诧异于数学家竟然只想要这么一点的赏赐——但随后却大吃了一惊。当他开始叫人把米放在棋盘上时，最初几个方格中的米粒少得像几乎不存在一样。但是，往第 16 个方格上放米粒时，就需要拿出 1 公斤的大米。而到了第 20 格时，他的那些仆人则需要推来满满一手推车的米。国王根本无法提供足够的大米放在棋盘上的第 64 格上去。因为此时，棋盘上米粒的数量会达到惊人的 18 446 744 073 709 551 615 粒。如果我们在伦敦市中心再现这一游戏，那么第 64 格中的米堆将延伸至 M25 环城公路，其高度将超过所有建筑的高度。事实上，这一堆米粒比过去 1000 年来全球大米的生产总量还要多得多。

图 1-24　反复加倍使数字大小迅速增加

不出所料，印度国王未能兑现他承诺给数学家的赏赐，因此，他不得不把全部财富的一半拱手相送。这大概算是数学使你致富的一种方式吧。

不过，这些大米和发现巨大的质数有何关联呢？自从希腊人证明了质数的无穷无尽以后，数学家们就一直在寻找一种睿智的方法，想构建出越来越大的质数。其中一个最佳方法是由一位叫做马兰·梅森的法国修士发现的。梅森是皮埃尔·德·费马和勒内·笛卡儿的挚友，他的作用就像是 17 世纪的网络集线器,不断地收到来自全欧洲科学家的信件,和这些科学家交流想法,因为他认为这些科学家能够进一步完善这些想法。

与费马的通信促使他发现了一个找到巨大质数的有力公式。这一公式的秘诀便隐藏在这个大米和棋盘的故事之中。把棋盘方格中的大米数量都加起来,通常会得出一个质数。比如,把前 3 个方格中的米粒 1、2、4 加起来,便可得到质数 7。而将前 5 个方格中的米粒 1、2、4、8、16 加起来,就能得到质数 31。

梅森于是设想,是否从棋盘的任何一个质数号码的方格算起,将之前的米粒加起来都会得到一个质数呢。假如果真如此,他便发现了一个寻找越来越大的质数的方法。梅森希望,只要确定一个质数号码方格,然后将至此为止所有方格中的米粒相加,就会得出一个更大的质数。

可惜,对梅森和数学都不幸的是,他的方法并不怎么管用。当我们找到号码为质数的第 11 个方格,并将前 11 个方格的米粒都加在一起时,就得到了数字 2047,但很可惜,2047 并不是质数,因为 $2047=23 \times 89$。尽管梅森的方法并不总是管用,但它依然带领我们发现了那些迄今为止最大的质数。

1.12 质数吉尼斯纪录

伊利莎白一世时,已知的最大质数是棋盘上前 19 个方格中大米数量的总和:524 287。而等到纳尔逊子爵参加特拉法加海战时,最大质数的纪录则增加到棋盘中前 31 个方格中大米数量的总和:2 147 483 647。1772 年,瑞士数学家莱昂哈德·欧拉证明这个 10 位数的数字是质数,而这一纪录则一直保持到了 1867 年。

2006 年 9 月 4 日，这个纪录被提升至第 32 582 657 个方格中大米数量的总和，当然前提是我们能有这么大的棋盘。这个新质数的数位超过 980 万，如果把该数字大声读出来，需要耗费一个半月的时间。该数字并非由某个巨型计算机发现，而是由一位业余数学家使用从网络上下载的软件时发现的。

当初设计者在设计这款软件时的初衷，是要利用计算机的空闲时间来做一些运算工作。其中所使用的程序采用了一个非常巧妙的策略，该策略能够用来检测梅森数是否全都是质数。检测这个 980 万位的数字需耗费台式电脑数月的时间，但是，和能够检测这么多数位的任何一个随机数字是否是质数的方法相比，这个策略已经十分高效了。截至 2009 年，共有一万多人加入这场被称为因特网梅森质数大搜索（GIMPS）的项目中。

但需要注意的是，该研究也并非百无一害。有一位 GIMPS 项目的参与者在美国的一家电话公司工作，他偷偷利用公司的 2585 台电脑搜索那些梅森质数。当公司人员发现自己的电脑要花费 5 分钟而非 5 秒钟的时间来检索电话号码的时候，他们便起了疑心。FBI 最终发现了电脑运行速度变慢的原因，这名员工坦白道："我实在难以抗拒这么强大的计算能力的诱惑。"尽管如此，这家电话公司对他追求科学的举动并无怜悯之心，最终还是开除了他。

> 如果你也想把自己的电脑加入到 GIMPS 项目中，可以在下述网址上下载软件：
> http://www.mersenne.org。

2006 年 9 月以后，数学家都在屏气凝神地等待纪录突破 1000 万位的大关。这种期待并不只是为了学术上的发展，还有金钱上的理由——首位攻克这一大关的人将获得一笔 10 万美元的奖励，这笔奖励是由加利福尼亚的一个名叫电子前哨基金会（Electronic Frontier Foundation）的组织提供的，他们致力于鼓励虚拟空间内的协同合作。

两年后，新纪录诞生了，或许是离奇的命运使然，几天之内接连诞生出两个新纪录。2008 年 9 月 6 日，德国业余质数猎手汉斯·迈克尔·埃文尼奇突然宣布，他的电脑刚刚发现了一个 11 185 272 位的梅森质数，此刻埃文尼奇一定认为自己中了大奖。但当他将这一发现报告给官方后，兴奋转而化为绝望，他被 14 天前的另一个纪录抢了先机。8 月 23 日，加州大学洛杉矶分校（UCLA）数学系的埃德森·史密斯的电脑发现了一个更大的质数，共有 12 978 189 位。对 UCLA 来说，打破质数纪录不再是新鲜事了。该校的数学家拉斐尔·罗宾逊在 20 世纪 50 年代便发现了 5 个梅森质数，而在 20 世纪 60 年代初期，亚历克斯·赫尔维茨又发现了另外两个。

GIMPS 项目程序的开发人员都认为这笔奖金不应只颁给那个幸运儿，他只是接受任务负责检验某个特定的梅森数字而已。于是，5000 美元奖给那个软件的开发者，而自 1999 年以来打破过纪录的软件使用者则分享 20 000 美元，还有 25 000 美元则被捐给慈善组织，剩余的奖金颁给了加州的埃德森·史密斯。

如果你还想通过寻找质数来赚钱，那么也不必因为 1000 万位的大关已经被打破而担忧了。任何一位寻找到新的梅森质数的发现者仍将获得 3000 美元的奖金。如果你想获得更大额的奖金，还有 1 亿和 10 亿位的大关等着你，若打通这两个关口，你将分别获得 15 万和 20 万美元的奖金。多亏了那些伟大的希腊先贤，我们才知道这类关于质数的纪录正在前方等着我们去发现。问题是在打破新纪录之前，通货膨胀将侵蚀掉多少奖金。

如何写下一个 12 978 189 位的数字

埃德森·史密斯所发现的质数是一个惊人的庞大数字。要写下其全部位数，需要使用本书大小的 3000 页纸张，幸好，只要通过一点数学运算，我们就可以构建出一个能表示该数字的公式，从而以更简洁的方式描述该数字。

棋盘上前 N 个方格中的大米数量总和为：

$$R = 1+2+4+8+\cdots+2^{N-2}+2^{N-1}$$

以下是找到表达此数字的公式的一个诀窍。由于 $R=2R-R$ 这个公式过于显而易见，初看之下，它简直毫无用处。这样一个一目了然的等式到底如何能帮助我们计算出 R 的值呢？在数学上，稍微换一个视角常常能带来意想不到的效果，因为变换角度之后，所有一切都突然间显得完全不同。

首先，我们来计算 $2R$ 的值。这一点只需在等式两边都乘以 2 即可。但是关键在于，如果你把一个方格中的米粒数量加倍，那么，这个方格中的大米数量就等同于原先下一个方格中的大米数量。于是：

$$2R = 2+4+8+16+\cdots+2^{N-1}+2^{N}$$

下一步便是减掉一个 R。结果，等式右侧除最后一项外均被抵消掉：

$$R = 2R - R = (2+4+8+16+\cdots+2^{N-1}+2^{N}) - (1+2+4+8+\cdots+2^{N-2}+2^{N-1})$$

$$= (2+4+8+16+\cdots+2^{N-1}) +2^{N} - 1 - (2+4+8+\cdots+2^{N-2}+2^{N-1})$$

$$= 2^{N} - 1$$

因此，棋盘上前 N 格中大米数量的总和便为 $2^{N}-1$，这便是寻找尝试打破质数纪录的公式。通过足够次数的加倍，然后在此基础上减去 1，便会得出一个有可能的梅森质数（使用该公式所发现的质数称为梅森质数）。而要得到埃德森·史密斯那个 12 978 189 位的质数，只需将公式中的 N 设为 43 112 609 即可。

1.13 如何用龙须面穿过整个宇宙？

大米并非唯一一种被用来探索加倍的潜力以创造巨大数字的食物，面条是另一个很好的例子。龙须面，或拉面，其传统做法都是要借助于两臂的力量把面团拉长，将其对折，然后再次拉长，从而使面条长度变为原来的两倍。每一次拉伸后，面条都会变得更长更细，但整个过程要非常快，因为面团很快就会干掉，使你前功尽弃，徒剩手中一团乱麻。

亚洲的厨师进行过拉面比赛，将面条的长度拉伸最多次的人就是冠军，而在 2001 年，来自中国台湾的厨师常辉宇（音译）在两分钟内将面条长度加倍了 14 次。最后拉出的面条细得可以穿过针眼，而面条的长度则能从常先生位于台北市中心的餐厅一直延伸至台北市郊，当他把手中这根面条切断后，共得到 16 384 根面条。

这就是不断加倍的威力，它能够快速创造出十分巨大的数字。假如常辉宇能够继续加倍下去，把他的面条长度加倍到 46 次，那么，面条的厚度就像一颗原子，而其长度将从台北一直延伸至太阳系的外围。如果将面条加倍到 90 次，那么，其长度将带你穿过可见宇宙的一端从而进入另外一端。若你要感受当前纪录中的最大质数究竟有多大，那么要将面条的长度加倍 43 112 609 次，切断后并去掉其中的一根面条，便可得出 2008 年发现的那个最大质数了。

1.14 电话号码为质数的概率有多大？

数学家们喜欢做的一件书呆子气的事情就是检验他们的电话号码是否为质数。我最近刚好搬了家，正要换电话号码。之前家里的电话号码不是质数（不过房屋号码是质数 53），因此，我期望搬新家（新房屋的号码为"前质数"1）后能有好运。

电话公司给我的第一个号码看上去还不错，但当我把它输入到电脑中检测后，发现它可以被 7 整除。于是我告诉电话公司的人员："这个号码我可能记不住……能换其他号吗？"第二个号码同样不是质数，它能被 3 整除。（有一个简单的方法能判断一个数字是否能被 3 整除，那就是把电话号码的每个数位上的数字都加起来，看这个总和能否被 3 整除，可以的话原数便能被 3 整除。）又试过 3 个不成功的号码后，电话公司工作人员已经十分不耐烦了，他对我说道："先生，不管下个号码是什么，恐怕我只能给你这个了。"呜呼，算来算去，到头来竟拿到一个偶数号码！

那么，我能拿到质数电话号码的概率到底有多大呢？因为电话号码是 8 位数，而这 8 位数字成为质数的概率约有 1/17。那么，随着数字位数的增加，成为质数的概率会发生什么变化呢？例如，100 以内共有 25 个质数，这也就意味着在所有个位数和两位数中，质数的存在概率为 1/4，即平均算来，当你从 1 数到 100 时，几乎每 4 个数字中就会有一个质数。但是，我们的数字越来越大时，遇到质数的概率也会越来越低。

表 1-2 列出了这种概率的变化情况。

随着数字位数的增加，质数出现的概率越来越小，但这种概率的减小却是非常有规律的。数字位数每增加一位，质数存在的概率的分母便增加 2.3。最先注意到这一点的是一位 15 岁的少年，这位名叫卡尔·弗里德里希·高斯（1777–1855）的少年日后成为了数学界最伟大的人物之一。

表 1-2

位　　数	质数存在比例
个位或两位	$\dfrac{1}{4}$
三位	$\dfrac{1}{6}$
四位	$\dfrac{1}{8.1}$
五位	$\dfrac{1}{10.4}$
六位	$\dfrac{1}{12.7}$
七位	$\dfrac{1}{15}$
八位	$\dfrac{1}{17.4}$
九位	$\dfrac{1}{19.7}$
十位	$\dfrac{1}{22.0}$

　　高斯的发现得益于他在生日时收到的一本数学用表书籍，这本书的背后印着一张质数表格。高斯非常着迷于这些数字，自此以后，他花费余生的时间都在努力为这个表格增加越来越多的数字。高斯是一位实验数学家，他十分乐于把玩各种数据，同时，他相信质数变稀疏的方式会依照这种一贯的规律一直延续下去，不管数字变得多么巨大，其变化情况会一直如此。

　　但谁能保证 100 位或 100 万位的时候不会突然出现奇怪的情况呢？质数存在概率的变化规律仍然是每增加一个数位，其概率的分母便增加 2.3 吗？会不会突然性情大变，让人措手不及呢？高斯则坚信该模式是一以贯之的,但直到 1896 年,他的这一想法才得到证实。雅克·阿达马和瓦莱·普桑这两位数学家各自独立证明出这一被称为质数定理的理论:质数的分布将按照这一贯的规律持续稀疏下去。

高斯的发现引出了一个十分强大的模型,它将会帮助人们预测出质数的众多特性。该模型为一系列的质数骰子,每个骰子上除了其中的一面写着质数两个字以外,其他表面均为空白。自然界在选择质数时就好像是依靠投掷这些骰子来确定的。

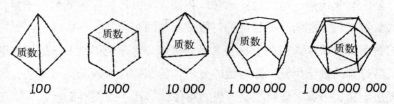

图 1-25 自然界中的质数骰子

要确定每个数字是否为质数,投掷骰子即可。如果在掷出来的骰子上,写着质数的那一面在最上面,那么该数字就是质数,反之,则不是。当然,这只是一个启发性模型,我们不可能仅靠一只骰子就让 100 这样的数字变得不可拆分。但是,通过这种方式,我们可以得出一系列数字,它们的分布情况十分接近于质数的实际分布。通过高斯的质数定理我们能了解到一个骰子应该有多少个面。比如,对于 3 位数字,就使用一个六面的骰子,即立方体骰子,其中一个面上写着质数两个字;对于 4 位数字,则使用八面骰子;对于 5 位数字,则使用 10.4 面的骰子……当然,这些都是理论上的骰子,因为现实中并不存在 10.4 面体。

1.15 关于质数的百万美元难题

本章的百万美元难题便是关于这些骰子的属性的：这些骰子是公平的吗？它们在数字世界中对质数的分配是恰如其分的吗？是否会有失偏颇？有时质数给得过多，有时却给得太少？这个问题便是黎曼猜想。

波恩哈德·黎曼是高斯在德国哥廷根的一名学生。他提出了一些十分成熟的数学运算，通过这些运算，我们才得以理解这些质数骰子是如何对质数进行分配的。通过某种叫做 ζ 函数的东西、一些特殊的叫做虚数的数字，以及令人望而生畏的大量分析运算，黎曼得出了掌控这些骰子坠落过程的数学运算。根据他的分析，他相信这些骰子是公平的，但是无法证实这一点。证明黎曼猜想的重任就落到了后人的头上。

对于黎曼猜想的另一种诠释便是将质数和一个房间中的气体分子作比较。我们不可能知道分分秒秒每颗分子的具体位置，但物理学家告诉我们，气体基本上是均匀分布在房间内的，不可能屋子的其中一角聚集着大量分子，另一角却呈现出完全真空的状态。黎曼猜想差不多也是这样。它并不能真的帮助我们定位某个质数的具体位置，但是，它能确保这些质数是以一种公平合理但却随机的方式分布在数字世界中的。像这样的保证对数学家来说往往已经足够了，他们藉此便足够自信地在数字的海洋中遨游。不过，在这 100 万美元被人拿走之前，我们始终无法确定，随着我们越来越深入地探索数学宇宙的无穷边界，质数究竟会出现什么样的变化。

第 2 章
不可捉摸的形状之谜

17世纪伟大的科学家伽利略曾经写道：

> 在掌握其语言、熟悉其文字之前，我们是无法读出宇宙奥秘的。宇宙是用数学语言写成的，其字母是三角形、圆形及其他几何图形，缺乏对这一切的了解，人类便无法读懂其中的一词一句，只能在黑暗的迷宫中彷徨摸索。

本章将介绍自然界中各种稀奇古怪美妙绝伦的形状：从六角星的雪花到螺旋形的 DNA，从放射状对称的钻石到一片树叶的复杂形状等。为什么气泡会呈现出完美球形？为何人体内会出现像肺脏这般无比繁杂的形状？宇宙是什么形状的？要理解为何自然界创造出如此丰富多样的形状，数学是关键所在。同时，数学也赋予了我们强大的能力，既能创建新形状，又可以确认何时不再有新形状出现。

而对形状感兴趣的也并非只有数学家，建筑师、工程师、科学家、艺术家都期望了解自然界的形状之谜。但他们全要仰赖数学中的几何学问。古希腊哲学家柏拉图在门上贴着一个告示，上面写道："不懂几何者禁止入内。"在本章中，我将为你打造一张通往柏拉图家，以及通往数学形状世界里的通行证。同样，在本章结尾处，我还会介绍另外一个价值百万美元的数学谜题。

2.1 气泡为何是球形？

拿来一根铁丝，并将其弯成方形。蘸一下泡沫水后就开始吹气泡，那么，吹出的气泡为什么不是立方形呢？或者把铁丝弯成三角形，但为什么不会吹出一个金字塔形的气泡呢？为什么不管把铁丝弯成什么形状，最后吹出的气泡都是一个完美球形呢？原因就在于，自然是非常懒惰的，对自然而言，球形是最容易塑造的一种形状。气泡试图寻找到一种需要最少能量就能塑成的形状，而且这种能量均匀分布在表面区域。气泡中包含一定量的空气，其体积并不会随形状的改变而改变。当空气的数量一定时，球形是其中表面面积最小的一种形状。因此，球形也是使用能量最少的一种形状。

长期以来，产品制造商们一直热衷于模仿自然界的这种制造完美球形的能力。如果你正在制造滚珠轴承或枪支的子弹，那么，打造出完美球形将是一件生死攸关的事情，因为形状上的细微偏差就会造成枪支的逆火，或机器的损坏。1783 年，当一名在布里斯托尔出生的水管工威廉·瓦茨意识到他能利用自然界这种对于球形的偏爱时，对这方面的突破便发生了。

当融化的铁水从高塔的顶端向下坠落时，和气泡一样，铁水也在下落的过程中呈现出完美球形。于是，瓦茨设想，如果在塔底放一桶水，当铁水接触水面后，是否能够把这个完美球形冻结。他决定要在布里斯托尔的家中检验这一想法。麻烦是，他需要铁水的坠落距离超过 3 层楼的高度，从而为铁水提供足够多的时间供其呈现出球形。

于是，瓦茨便在他的房子顶层上又加盖了 3 层，并在每一层的地板上都留出一个小洞，从而使铁水能够顺利穿过。他本来还试图在塔顶周围增加一些城堡式的修饰，为新的建筑增添一种哥特式风格，但邻居们被这个突然出现的高塔给吓到了，使他未能如愿。不过，由于瓦茨的实验取得了空前的成功，随后，类似的塔状建筑物便如雨后春笋般涌现在英美两国的大地上。瓦茨自己的那栋建筑则一直保留到 1968 年。

虽然自然界对球形如此偏爱，但是否存在其他奇怪的比球形还要高效的形状呢？对此，我们要如何确定？实际上，伟大的希腊数学家阿基米德早就最先提出，在体积相同的情况下，球形的表面面积的确是最小的。为证明这一点，阿基米德开始创建一系列公式以计算球体的表面面积和体积。

虽然计算曲面造型的体积是一项巨大挑战，但阿基米德采用了一个巧妙的方法：将球体平切成许多薄层，然后将这些薄层近似地看做圆盘。他知道如何计算圆盘的体积，用圆形表面面积乘以圆盘厚度即可。把每个不同尺寸的圆盘的体积叠加起来后，便可得出球体的近似体积。

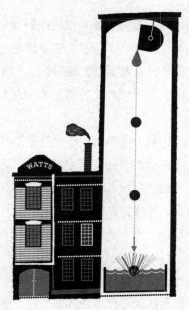

图 2-1　威廉·瓦茨通过对自然的巧妙利用，来制作球形滚珠轴承

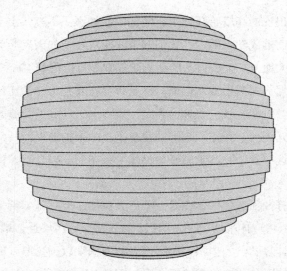

图 2-2　球体可近似地被看做由众多圆盘叠加而组成的

接下来才是最巧妙的那部分。如果把这些圆盘切得越来越薄，越来越薄，一直到无限薄为止，那么，通过上述算法便可得出该球体的准确体积。这也是数学中最早引入无限思想的例子。大约 2000 年后，一种类似的技巧最终成为艾萨克·牛顿和戈特弗里德·莱布尼茨发明微积分的理论基础。

阿基米德进而又运用该方法算出了许多其他形状的体积。他还发现，当把球体放在一个同等高度的圆柱管子中时，管子内的气体体积恰好为球体体积的一半。对于这一发现，他感到由衷的骄傲和兴奋，甚至因此要求把圆柱体和它的内切球体刻在他的墓碑上。

尽管阿基米德成功地找到了一种计算球体体积和表面积的方法，但他未能证实自己的设想，即球体是自然界中最高效的形状。直到 1884 年，数学发展到足够成熟的阶段，这一年，德国人赫尔曼·施瓦茨才终于证实出并不存在某种神秘形状能够在能量效率上战胜球体。

2.2　如何造出世上最圆的足球？

许多运动都使用球体，如网球、曲棍球、斯诺克、足球等。尽管自然界十分擅长制造球体，但对人类来说，球体的制作却颇为棘手。这是因为，在大多数情况下，制造球体的方式都是先在平面材料上裁剪出球形，然后通过制模，或通过缝制的方式来完成工序。而在某些运动中，球体制作过程中的困难反而成为一种能够加以利用的优势。例如，一只板球是由 4 块皮质模件缝制而成的，并非真正的球形。正因为此，投手反而可以利用接缝处的不规则表面，创造出不可预测的反弹轨迹。

与此相反，乒乓球选手则要求球体必须是完美的。乒乓球是由两个赛璐珞制的半球拼接而成的，其制造方法一直不太成熟，所以每一批产品中都会有 95% 以上的废品。乒乓球制造人员乐此不疲地从各种畸形球体中挑出完美球形，他们利用一个发射枪向空中射出乒乓球，形状不均匀的球会发生偏移，只有那些完美球体才能笔直地飞向前方，人们在射程的另一端把这些球收集起来。

图 2-3　一些早期的足球设计图

那么，我们如何才能制造出完美的球体呢？在 2006 年德国世界杯筹备期间，制造商就宣称他们做出了世界上最圆的足球。足球通常是用几片平面皮革缝制而成的，人类所制造的许多足球都是将自古以来探索出的各种形状进行拼贴组合而成。要了解如何制造出最匀称的足球，我们可以先来看那些使用单一对称形状的皮革制造出来的"球"，这些对称形状的皮革经过特别排列后，要使最终成形的球体形状是匀称的。为使足球尽可能地匀称，每个顶点所连接的面的数量都应该是相同的。实际上，这些形状就是柏拉图在他于公元前 360 年编著的《蒂迈欧篇》（*Timaeus*）中探索的形状。

那么，柏拉图探索出的足球都有哪些不同的可能性呢？其中一个使用最少组件的足球是通过把 4 个等边三角形缝制在一起，从而构造出 1 个以三角形为底面的金字塔形四面体。但是，这不是一个很好踢的足球，因为这样的足球表面数量太少。我们将在第 3 章中讲到，虽然这种形状进不了足球场，但是，它确实在古代世界中占据了重要位置。

另一个形状则是立方体，由 6 面方形材料制作而成。乍一看去，这种形状对于足球运动来说恐怕是太过稳定了，但实际上，许多早期的足球都采用了这种结构。在 1930 年举办的第一届世界杯上使用的足球就是由 12 个长方形长条分成六组缝制而成的，看上去就像是在组装一个立方体。位于英格兰北部普勒斯顿的国家足球博物馆中便陈列着这样一只足球，只是现在看来，它非常干瘪而且不够匀称。20 世纪 30 年代还使用了另外一种相当不同寻常的足球，它同样是建立在立方体结构之上的，但是，却由 6 片 H 形材料巧妙穿插缝制而成。

现在，我们再回头看看等边三角形。将 8 个这样的三角形对称组装起来便可构成 1 个八面体，其形状就像 2 个正方形底面金字塔拼贴起来的样子。一旦它们被完全地拼贴在一起后，我们便无法判断出接缝的位置。

如果柏拉图使用的表面越多，那么，他做出的足球就会越圆。八面体之后的那个图形便是用 12 个五边形制成的十二面体。这种形状和一年中的 12 个月份相关，而在一些出土的古代十二面体上，确实在表面刻有古人的历法。在所有柏拉图立体中,最完美的足球形状则是由 20 个等边三角形所构成的二十面体。

柏拉图认为,这五种造型是非常根本的,其中的四种形状分别与构成自然界的四种古典元素相关:四面体,最尖的一种,象征着火;稳定的立方体象征着土;八面体象征着空气;而其中最圆的一种——二十面体,则象征着流水。第 5 种形状即十二面体,柏拉图决定让其代表宇宙的形状。

图 2-4 柏拉图立体与自然的基本构成元素之间存在关联

那么到底存不存在柏拉图有可能忽视掉的第六种足球形状呢?这个问题由另外一位希腊数学家欧几里得给出了解答,他在史上最伟大的一本数学书籍中对此进行了论证,证实并不存在另外一种由单一对称形状缝制出的第六种足球,因此柏拉图的列表无法再行扩充。这本名为《几何原本》的书籍,大体上奠基了数学逻辑证明的分析艺术。数学的伟大之处就在于,它能够提供有关这个世界 100% 确定的东西。而欧几里得的证明则告诉我们，眼前的这些形状就是所有可能的形状——前方没有惊喜，无需期待。

请访问本书网站，下载相关的 PDF 文件，其中包含关于 5 种柏拉图足球的制作指南。看哪些形状的足球能在手指足球运动中表现得最好。

2.3　阿基米德如何改进柏拉图的足球理论？

如果我们把柏拉图的 5 只足球中的某些顶点改造得更平滑，那么结果会如何呢？如果拿来 1 只二十面体的足球，将其每个顶点都削掉，那么，你应该会得到 1 只更圆的足球吧。在二十面体中，每个顶点都连接着 5 个三角形，将其削掉后，便会得到 1 个五边形。再把三角形的每个顶点都削掉后，其表面就会变成六边形，而最终得出的这个所谓的无顶二十面体，实际上就是 1970 年墨西哥世界杯决赛中首次使用的，而且现在仍在使用的当代足球形状。但是，是否能通过其他各种对称材料来为下届世界杯制作出一个更圆的足球呢？

公元前 3 世纪，希腊数学家阿基米德尝试改进柏拉图设计的足球形状。一开始，他选择使用两种或多种不同形状的原料来充当足球表面。由于每个表面都需要严丝合缝，因此每个表面的边长必须一模一样。只有这样，边与边之间才能做到完美对接。同时，他希望实现尽可能多的对称，因此每一个顶点——即面与面相遇的角——的形状也必须一模一样。如果 2 个三角形和 2 个正方形在其中的 1 个顶点相遇，那么，所有其他顶点的构造也必须如此。

阿基米德时时刻刻都沉浸在几何世界中。即使当他的仆人努力地把不情愿的阿基米德从数学世界中拉出来送去沐浴时，他依然会用手指蘸点儿烟囱的灰烬或油在光着的身子上画下几何图案。希腊历史学家普鲁塔克曾如此形容："他在研究几何时所获得的愉悦使其忘记自我，从而陷入一种迷醉的境界。"

正是在这些几何禅定中，阿基米德才发现了对最佳足球形状的完整分类，并找到 13 种不同的方式，将这些形状组合起来。但是，阿基米德用来记录这些形状的手稿并没有保存下来。在 500 年后的亚历山大学派最后一位数学大师帕普斯的作品中，我们才看到有关这 13 种形状的发现的记录。这些形状被称为阿基米德立体（半正多面体）。

他创造的有些形状是通过修剪柏拉图的立体形状而得来的，制作过程和制作古典足球一样。比如，切掉四面体的 4 个顶点，原来的三角形表面就变成了六边形，而切割暴露出来的 4 个表面则变成 4 个新的三角形。因此，4 个六边形和 4 个三角形组合起来便构成一个所谓的去顶四面体（如图 2-5 所示）。

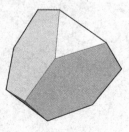

图　2-5

实际上，在 13 个阿基米德立体中，共有 7 个可以通过切割柏拉图的立体得出，包括由五边形和六边形所组成的经典足球。此外，更了不起的则是阿基米德还发现了其他形状。比如,可以将 30 个正方形、20 个六边形和 12 个十边形组合起来构成一个匀称的球体,即伟大的小斜方截半二十面体(如图 2-6 所示)。

图　2-6

　　2006 年德国世界杯首发的新型"时代精神"足球正是建立在其中的一款阿基米德立体之上的,这也是有史以来最圆的足球。这个由 14 个曲面材料所构成的足球的基本结构其实就是 1 个去顶八面体。把 1 个由 8 个等边三角形构成的八面体的 6 个顶点切掉后,原来的 8 个三角形就变成了六边形,而 6 个顶点则被 6 个正方形所取代(如图 2-7 所示)。

图　2-7

　　或许在以后的某届世界杯上,人们将推出阿基米德立体中一个更加奇异的形状。如果是我,我会选那个扭棱十二面体,该立体由 92 个对称组件（包括 12 个五边形和 80 个等边三角形）组合而成（如图 2-8 所示）。

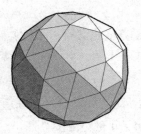

图　2-8

即使在生命的最后时刻，阿基米德惦记的也只有数学。公元前 212 年，罗马人入侵阿基米德的家乡锡拉库扎。阿基米德当时正全神贯注地求解一个数学难题，他聚精会神地画着图表，完全没有注意到他所在的这个城市已经沦陷。当一名罗马士兵挥着刀剑闯进他的房间时，阿基米德请求他，在杀他之前至少要让他完成眼下的运算。他哭着哀求道："我怎么能留下半途而废的工作就离开人世呢？"显然这名士兵并没有足够的耐心等着他解开这个难题，直接了结了阿基米德的生命。

13 幅阿基米德立体的图片可参见
http://bit.ly/Archimedean。

2.4　你喜欢哪种形状的茶包？

形状不只对于足球制造商是一个热点问题，对英国的饮茶者们来说亦是如此。常年以来，我们都满足于简单的方形茶包，而如今，在国民对于终极茶品的追求之下，茶杯中开始出现圆形、球形甚至金字塔形的茶包。

20 世纪初，一名纽约茶商托马斯·苏利文意外地发明了茶包。他把茶叶包在几个小丝绸袋子里寄给客户，客户并不知道应该把茶叶从茶包中倒出来，而是直接把整个茶包泡在了水里。对于这项在饮茶习惯上的剧烈变化，英国人直到 20 世纪 50 年代才逐渐适应，但是现在，据估计，英国茶包的消耗量已达每天 1 亿包之多。

多年以来，让人放心的方形茶包使饮茶者在喝完茶后不需要再清洗残留在茶壶中的茶叶。方形也是十分高效的形状——制作起来非常简单，而且不会浪费多余的没有用到的材料。50 年来，最大的茶包厂商 PG Tips 每年要在其遍布全国的工厂里制造出几十亿个茶包，以供英国国民之需。

而在 1989 年，他们的主要竞争对手 Tetley 做了一个大胆举动，通过改变茶包的形状——引进圆形茶包，从而抓住了市场的心。尽管这一改变只是美学上的小把戏，但它很管用。新形茶包的销售十分火爆。PG Tips 意识到，如果要留住客户，他们就必须要超过 Tetley。圆形茶包或许让人眼前一亮，但它终归还是平面的二维形状。于是，PG Tips 团队决定一举跨进三维世界。

PG Tips 研发团队了解到，人们饮茶时相当没有耐心。平均下来，1 个茶包只在热水中停留 20 秒即被抽出。如果拆开这样一个二维形状的茶包，我们就会发现，茶包中心处的茶叶几乎还是干的，因为在仅仅 20 秒的时间内，中心处的茶叶根本就没有机会接触到水。PG Tips 的研究人员认为，三维茶包就会像一个迷你茶壶，所有茶叶都能有机会充分与水交融。他们甚至从伦敦大学皇家学院请来了一位热流体专家，运用计算机模型来论证他们所相信的三维茶包对茶水滋味有改善。

于是，研发进入到下一步：选择哪种形状呢？研发团队挑选出不同的三维形状的茶包供消费者检验。他们用圆柱形茶包和貌似中国灯笼的茶包,以及完美球形的茶包做了实验。结果发现,球形是一个十分不错的选择,和气泡的道理一样,在所有的三维形状中,球形是在相同体积下表面面积最小的一种形状。因此,球形茶包所需制作材料最少。不过球形茶包的制作十分困难,尤其是当制造材料为平面的棉布时。在圣诞期间给足球做礼品包装的人们应该都对此深有体会。

既然制作材料是平面的,由平面构成的三维造型当然应该认真加以考虑。PG Tips 团队一开始试图从 2000 多年前的柏拉图和阿基米德发现的立体中寻找灵感。正如运动厂商所发现的那样,由五边形和六边形组装而成的足球非常接近于完美球形。但吸引茶包厂商兴趣的则是谱系中的另一端——四面体,即三角形底面的金字塔造型。虽然这是相同表面上体积最小的一种形状,但其优势在于,在制作中,它所需要的表面数量最少(不可能只用三张平面材料组装出一个立体造型来)。

PG Tips 自然不想浪费过多的制作材料,因此,设计的形状在具备视觉吸引力的同时,还需要在生产层面上做到节约高效。此外,因为他们要试图满足一个每天消耗 1 亿只茶包的国家的需要,所以,制造这种形状的茶包的效率必须是高效的:不能为了制作出金字塔形状,就聘用大量工人,日夜兼程地辛苦缝接 4 个三角形表面。直到有人想出一种美妙而精巧的制作方式后,这个问题才得以解决。

想象一下薯片的包装过程。首先,把一个桶状塑料纸的底部密封起来以后,把薯片装入其中,然后再把包装的开口以相同的方向进行密封。此时,想象一下如果不以相同的方向把包装的上口和下口密封起来,而是让上口和下口错开 90 度再进行密封,那么最终会得到什么形状呢?你突然就会发现手里拿着的是 1 个四面体。该四面体有 6 条边:其中,上下封口为其中的 2 条边,另外 4 条边则分别连接着 2 个密封条的两端,每条边既连接着这条密封线的一端,又连接着另一条密封线的一端。这便是制作金字塔形状的一种绝妙而高效的方式。接下来,把薯片包换做茶包，并以相同的方式将上下口错开 90 度，一个金字塔形状的茶包便做好了。用这种方法生产茶包，过程中没有材料的浪费，而且每台机器一分钟内可制造出 2000 只茶包，足以应付这个国家庞大的饮茶需求。这种机器也因其伟大的创新性而入选 20 世纪 100 项最佳专利之一。

经过 4 年时间的研发，金字塔茶包终于在 1996 年正式面世。它不仅十分高效，而且在消费者眼中，它还蕴含着一种摩登、潮流的气质。新的广告策略也大受欢迎，从而一举取代了该公司长年使用的盛装猴子的广告形象。PG Tips 藉此重回茶包销量第一的宝座。如果说，四面体能起到增加茶香的效果，那么，另一种柏拉图立体则相当凶险了。

2.5　为何二十面体会要人的命？

1918 年，西班牙流感夺走了 5000 万人的生命，这一数字远远多于第一次世界大战的死亡人数。这场灾祸把科学家们的注意力全部集中在弄清楚这种危险疾病的机制上，而且，他们很快意识到始作俑者并非细菌，而是一种比细菌还要小得多的东西，在当时的显微镜下还无法观测到它。于是，他们将这一新的病原体命名为"病毒"（viruses），取自拉丁文的毒药一词。

要揭示这些病毒的真正本质则要等待一项新技术的出现——X 光衍射。有了这项技术，科学家们才能去刺探造成这场浩劫的那些有机体的分子结构。一颗分子可以被形象化地显示为由牙签连接而成的许多乒乓球。尽管从真实的科学角度来说，这个模型有些过于简单化了，但是，每个化学试验室中总会配备一些这样的球棍套装，以帮助学生和研究人员探索分子世界的结构。在 X 光衍射进程中，一束 X 光射线会穿过被研究的材料，而且当射线与分子相遇后，它就会向不同的方向发生折射。最终得到的图片就有点像是把一束光射向此类球棍结构后所产生的阴影。

在破译隐藏于这些阴影中的讯息时,数学是一个强大的帮手。我们的目的是要确认哪种三维形状才有可能引起这些由 X 光衍射所制造出的二维阴影。通常情况下,此类研究的进展总要取决于我们能否找到一个最佳角度,通过在这个角度上发出的射线,揭示出分子的真实特征。举例来说,人类头部的正面轮廓能够告诉我们的讯息很少,从中大概只能判断他的耳朵是否突出,而一幅侧面轮廓则包含更多的明确信息。对分子来说,道理也是一样的。

弗朗西斯·克里克和詹姆斯·杜威·沃森在破译出 DNA 的结构以后,便和唐纳德·卡斯帕及亚伦·克鲁格两人共同把注意力转向研究病毒 X 光衍射的二维图片。他们惊讶地发现病毒的形状都是对称的。最初的图案呈现出排列成三角形的点,这就意味着,病毒的形状是三维的;在经过 120 度旋转后,其形状仍是相同的,这便表示其形状是对称的。当生物学家在数学家的档案库中翻寻关于病毒的形状时,发现柏拉图立体似乎最好地对应了这些病毒的形状。

想象中的形状

想象在圣诞树上悬挂一个立方体装饰物,挂绳挂在其中一个角落或顶点上。如果在立方体的顶点和底点之间你水平地切一刀,立方体就会一分为二,而每个新立体都会有一个新的表面。问题是,这个新表面是什么形状的呢?答案将在本章末尾处揭晓。

问题是所有 5 种柏拉图形状中都有这么一根轴线,基于轴线,我们可以将任何一种柏拉图形状旋转 120 度,而且所有的表面重回之前的样貌。直到生物学家得到另外一张衍生图案后,他们才找到一个视角,进一步地明确这些病毒的形状。突然间出现了以五边形排列的点阵,这样一来,科学家就能把一个更有意思的柏拉图骰子即二十面体套在上面了。

在这个由 20 只三角形构成的形状中，每个顶点均由 5 个三角形交汇而成。

病毒之所以喜欢对称形状，是因为对称为它们提供了一种十分简单的繁殖方式，这亦是病毒为何具有如此强大的传染性的原因所在——事实上，"virulent"（由病毒的英文词变形而来）一词的意思便是容易传染的和剧毒的。传统上看，对称形状在美学上是非常引人注目的，不管是钻石、花朵还是模特的脸，都是如此。但是，对称的也并非永远都是好的。生物书上的一些最致命的病毒，从流感病毒到疱疹病毒，从小儿麻痹症病毒到艾滋病毒，都是以二十面体为构造基础的。

2.6　水立方稳固吗？

北京奥运游泳中心是一座不同凡响的精美建筑，特别是入夜后，华灯初上，它看上去就像一只充满气泡的透明盒子。其设计者 Arup（英国奥雅纳工程顾问公司）力图捕捉到在室内举行的水上运动的精神，同时，还想使这个建筑物具备一种自然有机的外观。

一开始，他们试图在垒完的墙壁中寻找一些形状，比如正方形、等边三角形或六边形等，但他们认为这些形状都太过常规，不足以捕捉到他们所追求的那种有机感。随后，他们开始探寻自然界中堆叠事物的方法，比如水晶，或植物组织中的细胞结构等。在所有这些结构中（包括类似阿基米德所发现的用来制作足球的一类形状）最吸引 Arup 的则是泡沫中众多气泡叠加在一起所组成的形状。

将多个气泡叠加起来制成泡沫，便可引出一个至今依然折磨着数学家们的难题，鉴于人类直到 1884 年才证实对单一气泡来说，球体是其中最高效的一种形状，泡沫对于数学家们的困扰也就不足为怪了。如果两个含有相同空气的气泡聚在一起，它们将组成哪种形状呢？这里面的规则依然要建立在气泡十分懒惰这一点之上，它们永远会寻求消耗最少能量的那种形状。由于能量的消耗和表面面积成正比，因此，它们试图构成的形状也将含有最小的肥皂泡表面区域。由于两个聚在一起的气泡会共用同一块表面，它们最终所构成的形状的表面面积将比两个刚刚触碰的气泡的表面面积还要小。

　　吹泡泡的时候，如果两个相同体积的气泡组合在一起，它们构成的结构将如图 2-9 所示。

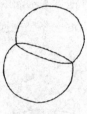

图　2-9

　　两个不完整的球形以 120 度的角度结合在一起，共用同一个内部平面。这当然是一种稳定状态，如果不稳定，自然自会让它们的形状发生变化。但问题是，是否存在另外一种表面面积更小的形状，从而消耗更少的能量，使其更加高效呢？要使气泡摆脱当前的稳定状态，或许需要注入一些额外的能量，不过，也可能存在另外一种可能的形状，使两个触碰的气泡承担更少的能量。或许两个气泡能以某些怪异的结构聚合起来，比如其中一个气泡变成甜甜圈的样子把另一个气泡包裹在内，构成一种类似落花生的形状（如图 2-10 所示）。

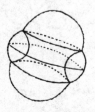

图　2-10

更好的气泡聚合方式终究是不存在的，对于这一点的首次论证发表于 1995 年。虽然数学家并不乐于求助电脑，因为电脑中没有他们所中意的美妙与精巧，但是，他们还是需要在电脑的帮助下执行证明过程所涉及的复杂数学运算。

5 年后，一份关于双气泡聚合的手写证据发表了。它实际上证明了一种更加常见的聚合形式：2 个体积不同的气泡聚合起来时所共用的内壁不是平面的，而是向较大气泡方向凸起的 1 个曲面。该曲面实际上属于另外一个球形的表面，交汇的三张肥皂薄膜彼此之间的角度均为 120 度（如图 2-11 及图 2-12 所示）。

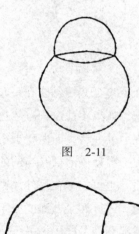

图　2-11

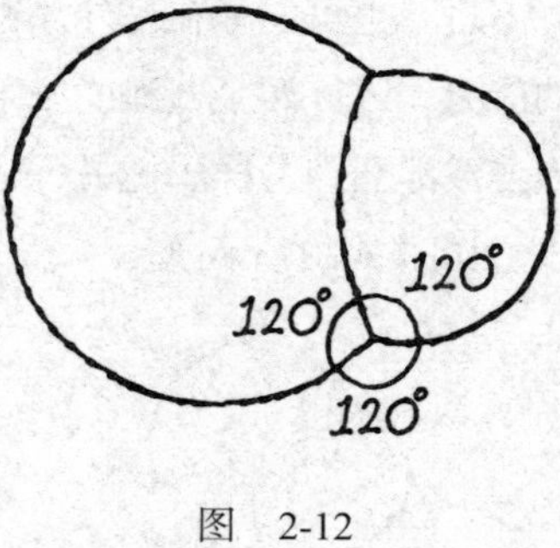

图　2-12

实际上，120 度是所有泡沫聚合时的一个通行角度。最初揭示这一点的是生于 1801 年的比利时科学家约瑟夫·普拉托。当时，他正研究光线照射眼睛时所产生的效应，为此，他曾直视太阳长达半分钟的时间。
40 岁时约瑟夫双目失明，此后，在亲人同事的帮助下，他转向研究气泡
的形状。

　　一开始，普拉托是通过将铁丝框架浸入肥皂水中来观察气泡最终呈
现的形状的。比如，将 1 个立方体造型的框架浸入肥皂水后会得到 13 张
泡沫壁，这些泡沫壁的交汇处会在立方体中构成 1 个小立方体（如图 2-13
所示）。

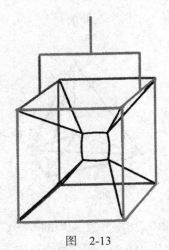

图 　 2-13

　　实际上，它并非一个真正的立方体，因为它的每个边都向外凸出。
随着普拉托探索了各种各样的铁丝框架以后，他逐渐发现了气泡聚合时
的一系列法则。

　　第一条法则，泡沫薄膜总是三个三个地聚合在一起，且彼此之间均
呈 120 度的角度。为表示对普拉托所做贡献的敬意，这种由 3 片薄膜相
交所得的线条被称为普拉托边界。第二条法则是关于这些边界的交汇方
式。4 条普拉托边界交汇时所构成的角度为 109.47 度（精确地说，为
$\pi - \arccos(1/3)$）。以四面体为例，从每个顶点向四面体中心连线，即可

得到泡沫中的四条普拉托边界交汇时的布局结构（如图 2-14 所示）。因此，立方体框架中的那个 4 边凸起的方块中每个边角的角度实际上都是 109.47 度。任何不满足普拉托定律的气泡都是不稳定的，从而会继续活动以演变为一个最终满足这些法则的稳定结构。直到 1976 年，简·泰勒才最终证实泡沫中的气泡必须满足普拉托定下的这些法则。她的研究告诉了我们气泡之间的连接方式，但是，泡沫中的气泡的真实形状究竟是哪种呢？由于气泡十分懒惰，要回答这个问题，就要找到这样一种形状，在泡沫中每个气泡封存一定量空气的前提下，肥皂薄膜的表面面积达到最小。

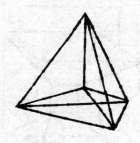

图　2-14

蜜蜂已在二维空间中给出了这个问题的答案。蜜蜂之所以使用六面体结构来建设蜂巢，是因为在每个蜂巢封存一定量蜂蜜的前提下，这种结构能够确保使用蜂蜡的分量最少。不过，最近的一项研究突破才证实了蜂巢理论：没有比六面体的蜂巢更加高效的二维结构了。

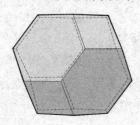

图　2-15

　　但当我们转而面对三维结构时，情况就没有这么明确了。1887年，著名的英国物理学家开尔文男爵认为其中一个阿基米德足球形状便是解决泡沫表面面积最小问题的关键。他认为，尽管六边形是构成高效蜂巢的基础，但构成泡沫的关键组件则是去顶八面体——将标准八面体的 6 个角都削掉后所得出的形状。

　　普拉托为气泡聚合模式所订立的法则显示边线和表面都不是平直的，而是弯曲的。例如，正方形四个角的角度为 90 度，但根据普拉托第二条法则，这一点在泡沫中并不成立。正如立方体框架中的方块所呈现出的，其四条边均向外凸起。因此，那两片肥皂薄膜交汇的角度则应是 109.47 度。

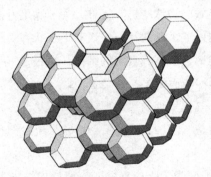

图 2-16　　由去顶八面体所构成的泡沫

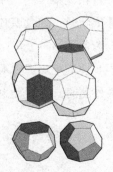

图 2-17　　丹尼斯·维埃尔和罗伯特·费兰所发现的造型

　　许多人相信开尔文给出的结构一定就是最小表面积气泡的真实形状，但没人能够证明这一点。1993 年，都柏林大学的丹尼斯·维埃尔和罗伯特·费兰发现了两种新形状，把它们组合起来后比开尔文的结构还要节省 0.3% 的面积（这对于所有那些认为数学证明不过是浪费时间的人来说，无疑是当头一棒）。

　　结果证明，这些形状并不在阿基米德的列表上：第一种形状是由不规则的五边形所构成的不规则的十二面体；第二种形状是一个由 2 个拉长的六边形表面和 12 个不规则的两种五边形表面所构成的十四面体。维埃尔和费兰发现，他们能把这两种形状组合起来，从而创造出一种比开尔文提出的还要高效的泡沫结构。另外，为了满足普拉托定律，结构中的边界线和表面均设成了弯曲状态，而非平直状态。有趣的是，人们很难直接进入泡沫内部去观察其真实的结构，但是，多亏了这两位科学家借助于计算机模拟泡沫而做了各种实验，最终才发现了这两种形状。

　　但这是否就是气泡呈现的最好形状了呢？对此，我们无从得知。我们相信，这应该就是气泡最高效的一种形状系统。但在那时，开尔文以为他已找到了答案。

　　Arup 的设计师们为了呼应奥林匹克游泳场馆内举行的水上运动而寻找有趣的自然形状时，一直在观察雾气、冰川和波浪。当他们偶然发现维埃尔和费兰发现的泡沫形状时，就意识到他们将有可能创造出建筑界从未应用过的什么东西。为创造出不太规则的形状结构，他们决定从某个角度切开一块泡沫。当我们近距离观察水立方（北京奥林匹克运动会游泳场馆的正式名称）的外侧时，它看上去就像用一块玻璃横截开泡沫时气泡所呈现的形状。

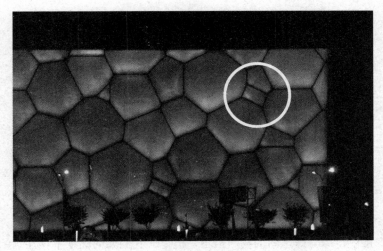

图 2-18　水立方的外观仿佛是一些不太稳固的气泡

　　尽管 Arup 的建筑结构看似随机，但从整个建筑的角度来看，其中还是存在某些结构的重复，但这已足够营造出他们所追求的有机感了。如果你仔细地观察，其中有一个气泡似乎并没有满足普拉托定律，除了呈现出普拉托法则中规定的 120 度和 109.47 度以外，它还呈现出一个 90 度的直角。这么说来，水立方还稳固吗? 当然，如果它真由气泡建成，答案将是否定的。那个直角气泡必须要改变形状以满足所有气泡都必须遵守的数学法则。但是，我们无需担心。凭借隐藏于这一美妙结构背后的数学运算，水立方是会稳固矗立下去的。

　　对众多气泡的聚合感兴趣的并非只有 Arup 和中国有关部门而已。理解泡沫结构帮助我们弄清楚自然界中的许多其他结构的形状，比如植物细胞的结构、巧克力和奶油的结构、啤酒沫的结构等等。泡沫可用于灭火、保护水源免受泄露的放射性物质的污染，也可用于采矿等。不管你喜欢玩火，还是想知道为何杯中吉尼斯黑啤的泡沫会经久不息，答案都建立在对泡沫数学结构的理解之上。

2.7 雪花为何有 6 瓣？

　　17 世纪的天文学家和数学家约翰尼斯·开普勒是最早尝试为该问题给出数学解答的人之一。他通过观察石榴的内部才明白了雪花为什么会有 6 瓣。石榴籽一开始都是球形的。正如所有水果商贩都知道的那样，摆放球形水果最节省空间的方式就是把它们摆成一层一层的六边形。这样，层与层之间会彼此契合在一起，每颗水果下面一层都有 3 颗水果托着它。合在一起，这四颗水果则构成了一个四面体的 4 个角。

　　于是，开普勒就推测这是最节省空间的一种堆积方式。换言之，这种安排使得球与球之间的空间最小。但是，我们如何确定不存在别的什么特别复杂的排列方式，它比眼下这种六边形排列方式更节省空间呢。这一日后被称为开普勒猜想的合理怀疑，令世世代代的数学家为之着迷。但相关证据却直到 20 世纪末数学家的聪明才智和计算机的力量结合以后才最终浮现出来。

　　再回过头来看石榴。随着石榴的生长，石榴籽开始相互挤压，其形状也从最初的球形慢慢变为能占满全部空间的形状。任何一颗位于中心的石榴籽周围都紧贴另外 12 颗石榴籽，随着彼此之间的互相挤压，石榴籽的形状就变成了十二面体。此时，你可能会认为石榴籽形状是由 12 个五边形组成的十二面体，但是这样的十二面体是无法完美地堆放起来的，无法占满所有可用的空间。唯一一种能够完美堆放的柏拉图立体就是立方体。与此相反，石榴籽的十二个表面实际上是一种风筝形状，这类形状被称为菱形十二面体，这也是自然界中常见的形状之一（如图 2-19 所示）。

　　石榴石水晶也拥有 12 个风筝形状表面。事实上，石榴石（garnet）这个英文词就来自拉丁语中的"石榴"一词，因为石榴籽同样也拥有 12 个细小的风筝形状的表面。

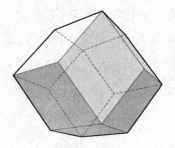

图　2-19

对于石榴籽风筝形状表面的分析激励开普勒着手研究像这样的稍微不那么对称的风筝形状表面所能构成的各种可能的对称形状。回顾历史，柏拉图所研究的是由一种完美对称的表面所构成的形状，阿基米德更进一步地分析了由两种或更多种对称表面所构成的形状。开普勒的研究则催生了一个致力于对柏拉图和阿基米德的思想进行扩充的全新事业。如今，世界上已经有卡塔兰立体、星形正多面体、约翰逊多面体、晃动多面体和环带多面体，以及许多更加离奇古怪的立体结构。

开普勒认为，球体堆放模式核心的六边形与雪花有六瓣的问题是相关联的。他的这些分析就是他编著的一本书的主题。作为新年礼物，他将此书献给一位名叫马特乌斯·华彻的皇家外交官——这个举动饱含心机，科学家们总免不了为寻找科研经费而到处奔波。开普勒认为，随着球形雨滴在云中凝结，它们就会像石榴籽一样堆积起来。这个想法虽然很好，但日后却被证明是错误的。雪花有六瓣的真正原因是它与水分子结构相关，这一点要等到 1912 年 X 光结晶学的诞生才能被揭晓出来。

1 个水分子由 1 个氧原子和 2 个氢原子构成。当水分子聚合在一起构成晶体后，每个氧原子就会与相邻的氧原子共享 2 个氢原子，同时又从其他水分子那里借来另外 2 个氢原子。因此，在冰的晶体中 1 个氧原子会连接 4 个氢原子。在球棍模型中，由 4 个球代表的 4 个氢原子围绕着 1

个氧原子，这样的形状要确保每个氢原子尽可能远离另外 3 个氢原子。
为满足这一要求，数学上的解法是把每个氢原子摆放在正四面体（由 4
个三角形所组成的柏拉图立体）4 个顶点的位置，并将氧原子放置在正
四面体中心位置（如图 2-20 所示）。

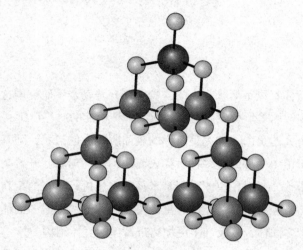

图　2-20

　　像这样呈现出的晶体结构与水果摊上橘子的摆放方式有异曲同工之
处。在水果摊上，3 个橘子托着一个橘子，构成一个四面体。但是，如
果你观察每一层的橘子，你就会发现到处都是六边形。冰晶中所呈现出
的六边形则是构成雪花形状的关键所在。所以，开普勒的直觉是对的，
橘子的堆放和六瓣雪花之间的确存在着关联，但是，若不能探究雪花的
原子结构，我们就看不到六边形藏匿的位置。随着雪花逐渐成型，水分
子依附在六边形的 6 个顶点上，从而形成雪花的六朵花瓣。

　　正是在这一从分子向大雪花转变的过程中，每一朵雪花个体得以凸
显出来。不过，虽然在水的结晶过程中，对称是核心所在，但是，控制
每一片雪花变化的则只能是另外一种重要的数学形状——分形体。

2.8 英国的海岸线有多长?

英国的海岸线是 18 000 公里吗? 还是 36 000 公里? 还是更长? 令人惊讶的是, 这个问题的答案并不明确, 回答这一问题要与人类直到 20 世纪中叶才发现的一种数学形状有关。

当然, 由于每天两次的潮起潮落, 英国的海岸线长度也在不停地变化。但是, 即使我们把海岸线完全固定下来, 它到底有多长仍然不是那么明确。这里面的微妙之处就要看你的测量到底有多精确。如果你用一根根直尺首尾相连地测量海岸线, 然后再数从头到尾用了多少根直尺, 这样做必然会漏掉许多无法测量的细微之处。

如果你用一根很长的绳子来代替直尺的话, 那么, 你能测量出海岸线上众多错综复杂的形状的长度。当你拉直绳子再进行测量时, 你就会发现这次的结果比之前按照直尺测量出的长度要长很多。

图 2-21 测量英国海岸线

但是, 由于绳子的灵活性存在局限, 它无法很好地捕捉到海岸线上 1 厘米以内的弯度。如果改用一根细线, 我们就能捕捉到更多类似的细微之处, 从而使测量出的海岸线的长度进一步变长。

英国地形测量局公布的英国海岸线长度为 17 819.88 千米。但是，如果我们测量得再细致一些，把更细微的部分度量进去，就能得到两倍于此的数字。从以下事例中我们便能看出度量地理界线的长度有多么困难了：1961 年，葡萄牙方面宣称它与西班牙交界的边界长度为 1220 公里，而西班牙方面提供的数据则为 990 公里。类似的差异也出现在荷兰和比利时之间的边界长度上。一般来说，较小的国家测出的边界线总是更长些……

因此，这样一味细致下去到底有没有极限呢？也许测量得越细致，海岸线的长度就会越长。为说明这一点，让我们来打造一条数学上的海岸线。为画出这条海岸线，你需要一个毛线球。你从中拉出 1 米长度的线，拉直了平铺在地板上。

图　2-22

真实的海岸线当然不可能这么笔直，于是，我们向内做一个大凹槽。继续从线球拉伸出一定长度的线，直到地上笔直的海岸线中段三分之一变成向内凹进的两个与之前中段相等长度的边为止，如图 2-23 所示。

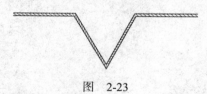

图　2-23

那么，这一次到底要从线圈中拉出多长的线呢？我们知道第 1 条线由三段⅓米长的线段组成，而第 2 条新海岸则包括 4 条⅓米长的线段。因此第 2 条的长度便是第一条的 4/3 倍，即 4/3 米。

但是，第 2 条线依旧不够复杂。于是，让我们继续重复以上操作，将每一段短线都一分为三，再把中间一段以两个相同长度的边取代。如图 2-24 所示。

图 2-24

现在，这条海岸线有多长呢？其中，四段线中每一段的长度都增加为原先的 4/3 倍，因此，此时海岸线的长度变为了(4/3 × 4/3) m = $(4/3)^2$ m。

可能你已经猜到我们接下来要做什么了。没错，持续重复这个步骤，不断地把线段一分为三，然后以两条同等长度的边线来代替中间的一段。每这么做一次，线条的长度便增加为原来的 4/3 倍。100 次以后，海岸线的长度将变为原来的$(4/3)^{100}$倍，算下来是刚刚超过 30 亿千米。将这样一根线拉直以后，它可以从地球一直延伸到土星上。

只要我们无限重复这个步骤，就会得到无限长的海岸线。当然，物理学法则使我们的拆分流程无法超过某个特定限度（这一限度由普朗克常数决定）。因为物理学家告诉我们，若一段距离小于 10^{-34} m，它便超出了可测量的极限，否则就会出现黑洞，而黑洞将吞没测量设备。当我们不断重复以上把戏，在进行到第 72 次之前，线段的长度就已经小于 10^{-34} 米了。不过，数学毕竟不是物理。在数学的世界中，我们完全可以无限度地拆分一条线，无需担心堕入到黑洞之中。

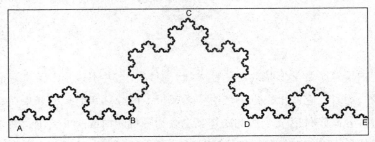

图 2-25 将 AB 之间的分形放大 3 倍便可得到以上完整分形。而完整
分形同样可以由 4 个 AB 之间的小分形拼凑而成

　　另一种认为海岸线为何无穷无尽的方法是在上图中思考 AB 间这段海岸线。假设其长度为 L。如果我们将该段海岸放大 3 倍，所得到的结果和 AE 之间的海岸线一模一样。因此整段海岸线的长度便是 3L。但从另一个角度来看，如果我们把 4 份这样的 AB 小段首尾相连，便刚好能覆盖掉整段海岸线：AB、BC、CD 以及 DE。这样的话，整段海岸线的长度则是 4L，因为我们需要 4 个小段来拼凑出整段海岸线。但是，不管我们以何种角度来测量整段海岸线的长度，所得出的结果都应该是一样的。那么，怎么才能让 4L=3L 呢？求解该等式，L 的值只有两种可能，或者为零，或者无穷大。

　　上述这段无限长的海岸线实际上是科赫曲线形状的一条边。瑞典数学家海里格·冯·科赫在 20 世纪初构造出这一形状，因此，它也被称为科赫曲线（如图 2-26 所示）。

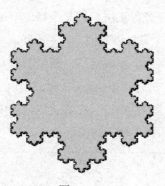

图　2-26

　　由于这个数学形状的对称性太强，所以，它并不像是一条真正的海岸线，而且，它看上去也不是很自然或很不可分割，但是，如果在每次进行拆分操作时把 2 个边的向外突出改为随机向内或向外突出，效果看上去就显得更加自然和可信了。图 2-27 便是通过相同的操作，但在决定向内或向外突出时听从于一枚硬币的决定所得出的图形。

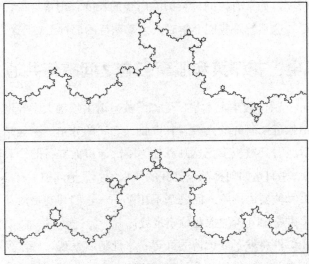

图 2-27

如果把几段这样的海岸线连接起来，整个形状看上去就非常像中世纪时期的英国地图。

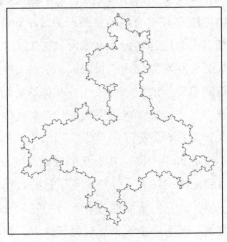

图 2-28

综上所述，如果有人问你英国海岸线的长度，坦率地说，你想给什么答案都行。这不就是我们上学时人人都期待的那种考题吗？

2.9　闪电、花椰菜和股票三者之间有何共通之处？

1960 年，法国数学家本华·曼德博被邀请去哈佛大学经济系做一场讲座，介绍他近期研究的高收入和低收入之间的分布。在他踏入举办者的办公室后，看到黑板上竟然画着他为本次演讲而准备的图表时，感到心烦意乱。"你们是如何提前拿到我的数据的？"他问道。有趣的是，黑板上的图表和他要讲的收入问题毫不相关——它们其实是活动举办者在之前的一个讲座中分析的棉花价格走势。

这种相似性激发了曼德博的好奇心，他随后发现，一系列不相关的经济数据图表看起来都很相像。不仅如此，不管你看的是什么时间刻度的图表，它们的形状看上去都一样。比如，棉花价格在 8 年中的走势看上去和 8 周内的走势很像，也和 8 小时内的走势如出一辙。

同样的现象也存在于英国海岸线之中。以下面几幅图为例，这些都是苏格兰海岸线的片段。其中一幅的比例尺为 1:1 000 000。另外两幅图相对不那么详细，比例尺分别为 1:50 000 和 1:25 000。不过，你能因此判断出以下 3 张图分别对应的比例尺吗？不管你如何放大或缩小，这些线条似乎总保持同等程度的复杂性。这一点并不适用于任何形状。如果你弯弯曲曲地画一条线，然后将镜头拉近，放大其中的一段，当放大到一定程度后，整个线条就会变得非常简单。海岸线或者曼德博的图表的典型特征就是不管放大多少倍，其形状的复杂程度都一如既往。

随着曼德博研究范围的扩大，他便发现了这些奇怪的形状——即不管你如何放大这些形状，它们依旧保持着无穷的复杂性——遍布整个自然界。如果你从花菜上掰下一小块，然后将其放大，它看上去简直和整棵花菜如出一辙。如果你将曲折的闪电截取一段放大来看，它也不会呈现出一条直线，而是和原初的闪电形状别无二致。曼德博将这些分形体称之为"自然界的几何体"，因为它们代表着一种全新种类的形状，而且直到 20 世纪它们才首次被人类认知。

图 2-29　不同比例尺下的苏格兰海岸线。从左至右，比例尺依次为　1:1 000 000，1:50 000 和 1:25 000

　　自然界之所以能够创造出这些分形形状，是有着实际原因的。例如，人类肺部的分形形状就意味着，即使它置于胸腔的有限空间内，但其表面面积也可以十分巨大，因此可以吸入大量的氧气。同样的情况也存在于其他有机结构中。比如，蕨类植物能够最大范围地接触阳光，同时又不占据太多空间。它借助于自然的威力寻找出最有效的形状。正如气泡发现球体是最适合它们的形状那样，这些生命形式都选择了频谱的另一端，选择了具备无穷复杂性的分形形状。

　　最了不起的一点是，尽管这些分形具有无穷的复杂性，它们却是建立在非常简单的数学法则之上的。一开始我们可能很难相信，自然界中的复杂性竟会建立在简单的数学之上，但是，分形理论向我们揭示了，即使是自然界中最复杂的部分，也能通过简单的数学公式构建出来。

　　图 2-30 看上去像是蕨类植物的一片叶子，但是，实际上它只是电脑生成的一幅图像，所基于的只是一种类似于上文中创造科赫曲线时所使用的简单数学法则。IT 界已经将该思路应用在了产业化中，用来创建电

子游戏中复杂的自然背景。尽管一台主机的硬盘空间十分有限，但是，分形数学运算中的简单法则能帮助我们创建出纷繁复杂的背景环境。

图 2-30   分形体的蕨类植物

2.10   形状如何具有 1.26 的维度？

分形出现以前，数学家们所接触的形状都是单维、二维或三维的。单维的直线，二维的六边形，三维的立方体，诸如此类。但是，分形理论中的一个了不起的发现便是，这些形状的维度竟然大于 1 但小于 2。此刻，你如果战力十足的话，就让我们一起来看一下，一个形状如何能够实现大于 1 但小于 2 的维度。

其中的把戏就是提出一种聪明的方式来区分为何直线是单维的，而正方形却是二维的。想象一张透明的方格纸，将其放置在某个形状上面，数出与该形状交汇的方格数量。接着，再拿来另一张方格纸，而这次纸上的格子尺寸为刚才那张纸上的一半。

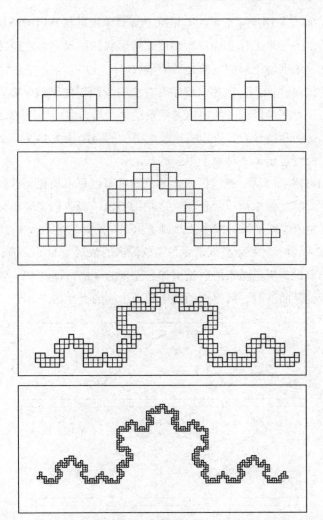

图 2-31 这几幅图描绘了使用方格纸计算分形维度的方法。随着像素
尺寸的缩小，像素数量增加的比率便对应其分形维度

　　如果这个形状为一条直线，那么测量出的方格数量则直接变为之前
的两倍。如果形状为正方形，那么，测出的方格数量则为之前的 4 倍，

即 2^2 倍。每次采用尺寸折半的方格纸来测量单维形状所得的结果都是之前结果的 2——即 2^1 倍，而每次测量二维形状的结果则为之前结果的 2^2 倍。可见，维度值所对应的便是 2 的幂数。

有趣的是，当我们把这一程序套在之前我们创建出的分形海岸线上时，方格尺寸折半以后，所得出的测量结果大约为之前结果的 $2^{1.26}$ 倍。所以，从这个角度来看，可以将这条数学上的海岸线维度视为 1.26。如此，我们便创造出了一种对于维度的新定义。

不用网格纸的话，通过像素化的电脑屏幕也可以捕捉到这些形状。将包含该形状的像素设成黑色，反之则为白色。当我们将屏幕分辨率调高，对应黑色像素增长的维度便凸显了出来。比如，将 16×16 的像素调为 32×32 以后，对一条直线来说，黑色像素的数量增加了一倍；而对一个正方形来说，黑色像素的数量增加为原来的 4 倍，即 2^2 倍；当使用此方法测量科赫曲线时，所得出的结果则为之前的 $2^{1.26}$ 倍。

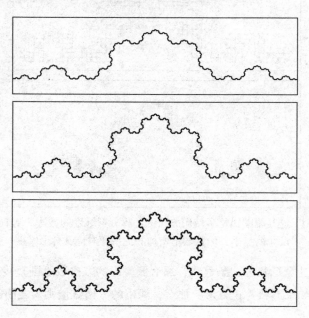

　　从某个方面来讲，该维度向我们呈现了该曲线试图占据的空间大小。如果我们换一种方式来创建分形海岸线，通过改变取而代之的两条线之间的角度，使该角度越来越小，那么所对应的海岸线便会填满越来越多的空间。而当我们依序测量这些海岸线变体的维度时，则会发现它们的维度会越来越接近于 2（如图 2-32 所示）。

图 2-32　随着三角形的角度变化，所得的分形会填满越来越多的空间，同时，其分形维度也随之增加

在分析自然形状中的分形维度时，一些有趣的事情会凸显出来。英国海岸线的分形维度据估计约为 1.25——十分接近于我们所创建的数学海岸线的维度。使用越来越精密的测量仪器后，海岸线长度的增长速度会有多快，看其分形维度就清楚了。澳大利亚海岸线的分型维度据估计为 1.13，说明它相对英国海岸线来说，复杂度较小。而惊人的则是南非的海岸线，其维度仅仅为 1.04，这说明其海岸线相当圆滑平顺。最复杂的海岸线可能要属挪威了，算上该国的所有峡湾，挪威海岸线的分形维度高达 1.52。

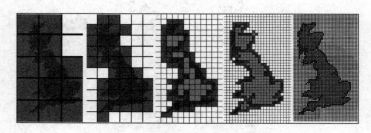

图 2-33 英国海岸线的维度是多少

而对于三维立体来说，我们也可以想象一个类似的流程，运用立方体网格来代替方格纸，然后逐次缩小网格的尺寸，观察所测量的形状与网格的交汇情况。借助于这样的流程，花菜形状的维度是 2.33；纸团的维度是 2.5；西兰花则更加复杂，维度达到 2.66；更加惊人的则是人类的肺，分形维度高达 2.97。

2.11 我们能仿造一幅杰克逊·波洛克的画吗？

2006 年秋季，20 世纪艺术家杰克逊·波洛克的一幅作品成为世界上最贵的一幅画。据报道，墨西哥金融家大卫·马丁内兹出资 1.4 亿美元（以当时的汇率折算约为 7500 万英镑）购买了这幅被简单命名为《1948

年 5 号》（*No.5, 1948*）的作品。

　　这幅画是波洛克以其招牌式的泼溅方式创作的，因为有这样的作画习惯，杰克逊·波洛克被世人称为滴溚杰克（Jack the Dripper）。评论者们惊呼如此高的售价不可思议，纷纷宣称"这玩意儿，我也能画"，而初看上去，似乎果真谁都能挥洒一通，然后祈求摇身一变成为百万富翁。但是，数学家们通过研究发现，波洛克的创作确实比人们想象的要微妙。

　　1999 年，由俄勒冈大学的理查德·泰勒带领的一批数学家对波洛克的画作进行了分析。他们发现，波洛克所使用的这种痉挛式的作画方式实际上创造出了自然界十分钟爱的一种分形形状。将波洛克画中的一小部分放大来看，和原初的完整作品十分相似，也会呈现出一种无穷复杂的分形特质。（当然，无限制地放大作品最终会揭示出画作中每一个点的构造，但这需要将之放大 1000 倍才行。）甚至，分形维度的概念还可以用来分析波洛克绘画技巧的发展和演变。

　　波洛克自 1943 年开始创作分形绘画作品。其早期作品的分形维度在1.45 左右，接近挪威峡湾的分形维度。但随着他在技术上的精进，其作品的分形维度也在攀升，作品变得越来越复杂。波洛克一幅最晚期的滴画作品《蓝杆》（*Blue Poles*）耗时 6 个月完成，分形维度高达 1.72。

　　心理学家对人们视为美的形状进行了分析，结果发现，人们总是被分形维度在 1.3 到 1.5 之间的图像所吸引。而自然界中许多形状的分形维度也大体处于这一区间。的确，这其中或许存在说得通的进化论的道理，或许当我们的祖先在丛林中生存的时候，这些形状便已刻骨铭心地印在了我们的大脑中。又或者，就像最好的音乐总是位于乏味的激昂乐曲和随机的白色噪音这两个极端之间一样，那些形状之所以吸引我们可能也是因为它们的复杂性介于井然有序和毫无章法之间吧。

图 2-34　作画时使用的墨越多，其分形维度也会越高

　　如果说波洛克是在创造分形，那么，他的技巧是否容易被模仿呢？ 2001 年，一位得克萨斯的艺术品收藏家担心他所收藏的一幅没有签名、没有落款的波洛克作品不是真迹，于是将其交给揭示出波洛克分形维度的数学家们进行鉴别。结果显示，该作品缺乏波洛克痉挛式风格中特有的分形特质，因此，他们认为这幅作品很有可能是赝品。5 年后，用这位艺术家身后遗产建立的负责鉴别争议作品的波洛克-克拉斯纳作品认证委员会，邀请理查德·泰勒和他的团队对他们新近在仓库中发现的 32 幅据悉为波洛克绘制的作品进行分形分析，结果显示其中无一为真迹。

　　但这并不表示仿造波洛克的作品是完全不可能的——实际上，泰勒已制造出一个叫做波洛克机器人（Pollockizer）的设备，该设备能够画出真正的分形画作。设备中，一个装有油彩的发射器用绳子固定在一个电磁线圈上，线圈经过编程后能够制造出毫无章法的运动轨迹，从而创作出令人信服的波洛克作品。如此，尽管数学家可以帮忙鉴别真伪，但创造出令这些专家信服的伪作也是有可能的。

　　分形绝对算是怪异的形状，因为其维度不是整数，而是像 1.26 或 1.72 这样的数字，不过，至少我们还画得出来这样的东西。但是，其古怪程度比起我们接下来要看的东西就是小巫见大巫了。下面我们将走进超空间，探索那些超越了我们身居其中的三维世界的形状。

2.12　如何看到四维空间?

我依然清晰地记得第一次"看"到四维空间时的兴奋之情，通过学习一门语言，我才得以通过大脑想象出这些形状。通过使用勒奈·笛卡儿发明的形状与数字对应的"词典"，我们就有可能看到四维空间。笛卡儿认识到视觉世界往往很难准确定位，于是，他就想建立起一种简洁的数学方式来提供协助。

下列拼图（图 2-35）表明，我们不能总是相信自己的眼睛。正如笛卡儿所说："知觉即错觉。"

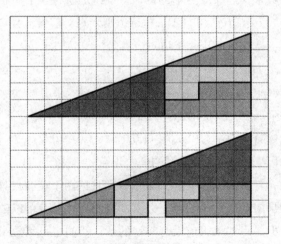

图 2-35　重新组合及其形状面积似乎少了一个方格

尽管第二幅图只是由第一幅重新组合而成的，但总面积似乎少了 1个方格。这是怎么回事呢？原因就在于，虽然 2 个小三角形的斜边看似连成了一条直线，实际上两者的倾斜角度之间存在着细微的差别，这一细微差别足以使重组后的图形缺失掉 1 个方格的空间。

　　为解决这一感知问题，笛卡儿创建出一部能够将几何翻译为数字的强大词典，今天我们对它已经非常熟悉了。我们在地图上查看一个城镇的位置时，发现其位置是由定位格上的两个数字确定的。这些数字标出了南北和东西的坐标，而参照点则位于伦敦格林尼治天文台正南方的赤道上。

　　例如，笛卡儿出生在一个叫做 La Haye en Touraine 的法国城镇，该城镇日后改名为笛卡儿，其坐标为北纬 47 度，东经 0.7 度。在笛卡儿的词典中，他的家乡便可以用这个坐标来表示：(0.7,47)。

　　我们可以用类似的过程来描述数学形状。例如，如果我想依照笛卡儿的坐标词典来描述 1 个方形的话，就说该形状包含 4 个顶点，其位置分别为(0,0)、(1,0)、(0,1)和(1,1)。每条边则分别对应着选择 2 个不同位置的顶点坐标。比如，其中 1 条边对应着坐标(0,1)和(1,1)。

　　在二维平面世界中，我们只需要两个坐标就能确定一个位置。但是，如果要加入海平面以上的高度数据，则需要引入第 3 个坐标。如果用坐标来描述 1 个三维立方体的话，也需要加入第 3 个坐标。一个立方体的 8 个顶点用坐标分别表示为(0,0,0)、(1,0,0)、(0,1,0)、(0,0,1)、(1,1,0)、(1,0,1)、(0,1,1)以及距离第 1 个顶点最远的那个顶点的坐标(1,1,1)。

　　同样地，1 条边通常包含 2 个点，而且这两个点有仅且有一个坐标值不同。如果眼前摆放着一个立方体，我们很轻易就可以数出上面共有多少条边。但是，如果眼前没有实物的话，我们也可以数出仅有一个坐标不同的点对有多少个。上述内容请牢记心中，因为，接下来，我们就要探索一个无迹可寻的形状了。

　　在笛卡儿的词典中，一边是形状和几何，而另一边是数字和坐标。但问题是，当维度超过三维以后，视觉方面也枯竭了，因为世上并不存在一个我们能看到的更高维度的四维空间。笛卡儿词典的美妙之处则在于它的另一边的内容仍持续存在。要描述一个四维立体，我们只需增加第 4 个坐标即可，就像前面一路所做的那样。因此，尽管我无法真实打造出一个四维立方体，但借助于数字，我仍然可以对其进行准确的描述。这样一个四维立体包含 16 个顶点，由(0,0,0,0)起始，向(1,0,0,0)和(0,1,0,0)延伸，并一路抵达最远的(1,1,1,1)。这些数字便是描述这一形状的密码，有了这些密码，我们无需真正目睹它，便可对其进行分析和探索。

比如，上述的这个四维立方体中共有多少条边？我们知道，每条边都对应着 2 个点，而这 2 个点的坐标中的数字只有一个不同。每一个点由 4 条边交汇而成，其中每条边都对应一位坐标数字的更改。因此，四维立方体上总共有 16×4 条边。果真如此吗？其实这一计算并不正确，因为每条边都被我们算了 2 次：先从它的一个顶点算过去，之后又从另一个顶点算回来。因此，四维立方体的边的总数量应是 16×4/2=32 条。但四维仍然不是尽头。我们可以继续推进至五维、六维甚至更高维度，并创建出所有这些世界中的超立方体。比如，一个 N 维空间中的超立方体将具有 2^N 个顶点，而每一个顶点上都会连接着 N 条边，考虑到每条边也被算进了两次，因此，N 维立方体的边数应为 $N \times 2^{N-1}$ 条。

数学赋予我们第六感，使我们能够考虑这些超出三维宇宙边界以外的形状。

2.13 在巴黎什么地方可以看到四维立方体?

为庆祝法国大革命 200 周年，法国总统弗朗索瓦·密特朗请来丹麦建筑师约翰·奥托·凡·斯普雷克尔森在巴黎拉德芳斯的金融区打造一栋特别的建筑。这座建筑将加入卢浮宫、凯旋门及克丽欧佩特拉方尖碑这些巴黎重要建筑行列，成为所谓密特朗视野的一部分。

这位建筑师果然不负众望，建造了一座庞大的拱门，它被称为新凯旋门。该拱门庞大到连巴黎圣母院都能从中安然穿过，其重量高达 30 万吨。遗憾的是，斯普雷克尔森在拱门完工之前的两年便离开了人世。如今，新凯旋门已成为巴黎的标志性建筑之一，但是，那些整日目睹它的巴黎人可能并不了解，实际上，斯普雷克尔森在他们的首都市中心所建的正是一个四维立方体。

当然，它并非一个正儿八经的四维立体，毕竟我们生活在一个三维的世界中。不过，就像文艺复兴时期的艺术家面临着的在平整的二维帆布上绘制出三维形状那样的挑战，拉德芳斯区的这位建筑师也是一样，在我们的三维宇宙中捕捉到四维立体投射在三维宇宙中的幻影。要想在二维帆布上建立起三维幻景，艺术家可以在一个大正方形中画一个小正方形，然后将 2 个正方形的顶点连接起来以完成整个立方体的形状。当然，这样画出来的东西并非一个真实的立方体，但它向观看者传达出了足够多的信息：我们能看到所有立方体的边，因此便能想象出一个立方体的模样。

图 2-36　巴黎的新凯旋门是一个四维立方体的幻影

　　斯普雷克尔森借助于这个相同的想法，在三维的巴黎市中建造出了这座四维立方体的投影。这座建筑由一个大的立方体围绕一个小的立方体构成，2 个立方体的顶点彼此相连构成四维立体的边。如果你有机会去新凯旋门参观并认真地数了其中边的数量，你就会总共数出 32 条边。这正是我们刚刚通过笛卡儿坐标所计算出的数字。

　　每次我去参观拉德芳斯区的新凯旋门时，总能感到那里有一阵阵可怕的阴风，通过中心的拱门仿佛要把人们吸进去一样。这种强风越来越成为一个问题，设计者不得不在拱门中心撑起一片天蓬，以阻碍空气的流动。这种强风似乎在向我们揭示，在巴黎建造这样一个超立体的幻影，便开启了一扇通往异度空间的大门。

　　在我们的三维世界中感受四维立体的存在还有一些其他方式。试想，我们如何能用 1 张二维卡片来制作出 1 个三维立体呢? 首先，我们要画出 6 个彼此相连的正方形，构成一个十字架的结构，其中每一个正方形就是立方体的一个表面。然后再将其折叠起来，便可得到一个立方体。二维卡片于是被称为编织三维形状的"网"。同理，在我们的三维世界中也可以打造出一张三维网，只要第四维度果真存在，我们便可用这张网折叠出一个四维立体来。

　　可以通过裁切和组装 8 个立方体的方式来创建出四维立体。这些立方体就是四维立体的"表面"。要做出四维立体的网，首先要把 8 个立方体连接起来。一开始，先把其中 4 个立方体首尾依次相连，粘成一列，再把其余的 4 个立方体分别粘在这个行列上的任何一个立方体的表面上。现在，折叠之前的超立方体便做成了，其形状就像两个组合起来的十字架（如图 2-37 所示）。

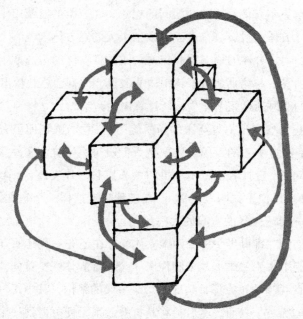

图 2-37 运用 8 个三维立方体创建出四维立方体的方法

要把这个形状折叠起来，首先你就要把这一列上的立方体的顶部和底部连接起来。然后，将这一列上粘着的 2 个相对的立方体向外的一面和这列中最下面的立方体向外的那一面连接起来，最后需要把立方体中的另外 2 个面和最下面的立方体剩余的 2 个面粘起来。当然，麻烦就是一旦开始进行拼接，你就会陷入混乱中，因为在我们的三维世界中，没有足够的空间让我们来完成这些工作。正如前文所说，首先要有一个四维空间，然后才能执行这个操作。

正像建筑师在巴黎的作品中受到四维立方体幻影的启发那样，艺术家萨尔瓦多·达利也受到这一组装前的超立方体概念的启发。在他的作品《耶稣受难》中，达利描绘出的耶稣被钉在一个四维立方体的三维编织网上。对达利来说，四维想法已超越了物质世界，是现实宇宙之外与精神世界发生共鸣的某种东西。未折叠的超立方体由 2 个交汇的十字架构成，画中的内容表示出耶稣的升天和尽力把三维结构折叠成四维形状相关，而在尽力的过程中，耶稣便超越了实体的现实。

不管我们如何努力试图在三维宇宙中描绘出这些四维形状，它们永远不可能提供一幅完整的图像，就像二维世界中的投影或轮廓那样，只能提供部分信息。当我们移动或旋转该立方体时，其阴影的形状也将发生变化，但是，我们永远无法窥其全貌。小说家亚历克斯·加兰在他的《四度空间》(*The Tesseract*) 一书中便运用了这一思路。四度空间是四维四方体的另外一种说法。故事发生在马尼拉的黑社会中。作者分别从不同视角、不同人物描绘了中心故事。任何单一叙述都无法提供一幅完整图画，但通过把所有这些线索串联起来，就像通过观察一个形状中各个不同方向下的阴影一样，我们便可逐渐理解整个故事的完整面貌。不过，话说回来，第四维度的重要性并非只体现在建筑、绘画和叙事之中，它可能也是揭示宇宙本身形状的关键所在。

2.14 在计算机游戏《爆破彗星》中，宇宙是何形状？

1979 年，游戏机公司雅达利（Atari）发布了最受玩家欢迎的一款游戏《爆破彗星》。游戏玩法是击毁空间中的小行星和飞碟，以免在飞行过程中遭到撞击，或遭到飞碟的火力攻击。该游戏的街机版本在美国大获成功，游戏公司不得不为街机安装更大容量的游戏币储存空间，以使每台机器可以接收到大量游戏币。

不过，当我们以一种数学观点来观察该游戏的几何形状时，便会发现其中十分有趣的地方：当飞船从屏幕上方消失后，它又神奇地出现在屏幕的下方。同样地，当你操作的飞船从屏幕左侧飞出时，它又会立刻出现在屏幕右侧。接下来发生的事情就是太空人完全被限制在这个二维世界中，屏幕中的图景便是整个宇宙。尽管这是一个有限的宇宙，但是，它并没有边界。因为太空人永远不会撞到边界线，他飞来飞去的地方并非一个长方形，而是一个更有意思的宇宙。那么，这个宇宙到底是什么形状的呢？我们能否将其描述出来呢？

如果太空人从屏幕上方飞出然后立刻出现在屏幕下方，那么，这说明宇宙中的这两个部分一定是连接在一起的。假设计算机屏幕是用弹性橡胶制成的，我们便可将其卷曲起来，使其顶部和底部连在一起。当太空人纵向飞行时，我们就能看到，他实际上是在围绕圆柱体飞行。

那么，另外一个方向上又是什么呢？因为当飞船从屏幕的左侧飞出后，会马上进入屏幕右侧，所以，这个圆柱体的两端也必须是相连的。如果把所有应当相连的点都标记出来，我们就会发现，必须要把圆柱体弯成圆形，而且要使其顶端和底端连接在一起才行。由此可见，我们的太空人所身居的宇宙实际上是个甜甜圈的样子，或者数学家认为的圆环体。

上述我用一块橡胶来论证宇宙形状的方法，实际上是数学家在 100 年前开始观察形状的一种方式。对古希腊人来说，几何（几何的英文词条 Geometry 便源于希腊语，原意为"测量地球"）是关于计算点和角度之间的距离的一门学问。然而，对于游戏中太空人的宇宙形状的分析，更重要的是与它的整体连接方式相关，而非与太空人的宇宙中的实际距离相关。这种全新的观察形状的方式便是拓扑学。借助于这种新方式，我可以将其假想为橡胶或橡皮泥制品，随意地对其弯曲和连接。

很多人每天都在使用拓扑地图。你能认出下面这张图是什么地图吗？这是一张伦敦地铁系统的地理路线图。尽管这张图在地理上是准确的，但使用起来很不方便。因此，伦敦人现在主要使用的是拓扑地铁地图。这类地图最早由哈里·贝克在 1933 年设计，他把地理路线图拉直铺开，从而使用起来更加方便。如今，这类地图已经遍布世界各地。

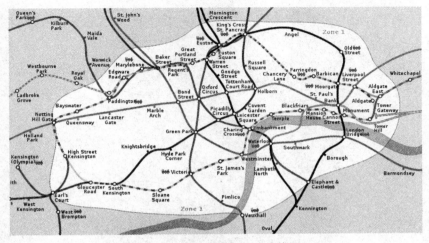

图 2-38　伦敦地铁的地理路线图

　　要弄清楚能否解开一个绳结，这也是拓扑学上的一个问题，因为在解绳的过程中，我们可以把绳子绕来绕去，而无需将其剪断。这一点对于生物学家和化学家来说是极为重要的，因为人类的 DNA 往往会缠绕成奇怪的结。有些疾病，比如老年痴呆症，可能就与 DNA 的打结方式存在联系，而数学则具备解开这些谜团的潜能。

　　20 世纪初期，法国数学家昂利·庞加莱开始思索，以拓扑学的观点来看，世界上到底存在多少种不同的表面结构。这就像是寻找雅达利游戏中的二维太空人所能栖居其间的所有形状。庞加莱的兴趣在于以拓扑视角来观察这些宇宙，如果两个宇宙无需裁剪就能转换为彼此的形状，那么这两个宇宙便可被视为相同的宇宙。比如，一个球体的二维表面在拓扑范畴上等同于一个橄榄球的二维表面，因为这二者可以互相变换。但是，这个球形宇宙和雅达利游戏中太空人飞来飞去的圆环体则分属不同的拓扑形状，因为在没有裁剪和粘贴的情况下，我们无法把一个球体变换为一个甜甜圈的样子。那么，其他形状都是什么样的呢？

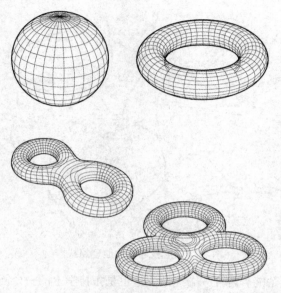

图 2-39 昂利·庞加莱发现拓扑分类中的前 4 个形状，在该分类中，
庞加莱给出了各种将二维平面折叠起来的方式

　　庞加莱证明出，无论一个形状有多么复杂，它最终总是可以变换为下列形状中的一种：球体、单洞圆环体、双洞圆环体、三洞圆环体，以及包含任何有限数量洞口的圆环体。从拓扑学的观点来看，这就是雅达利太空人栖居其中的所有可能的宇宙形状。形状的特征由洞（数学家称之为属）的数量决定。比如，茶杯在拓扑学上等同于一个百吉饼，因为两者均只有一个洞口。茶壶上则有两个洞，一个在壶口，一个在壶盖，因此它能够变换为一个双圈饼干的模样。图 2-40 中的形状可能更难理解一些，这个形状中有两个洞，因此可以变换为一块双圈饼干的模样。但由于图中两个圆环套在一起，看上去似乎一定要动用剪刀才能使其成功变换，但其实并不需要。本章结尾处，我会揭示如何不用剪切就能把这对圆环解开。

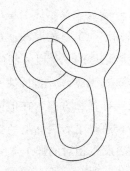

图 2-40 如何通过持续变形，在不动用剪刀的情况下，
将两个彼此相扣的圆环解开

2.15 如何确定我们不是生活在一个圆环体的地球上？

古代人认为地球是平的。但是，随着人类开始去远方旅行，了解地球的总体形状就显得更加重要。假如地球是平的，那么，大家都认为，如果你离开得够远，就会从地球的边界上掉下去，除非这个世界无穷无尽，你永远都不能到达边界。

许多文明都逐渐认识到，地球最可能的形状应该是弯曲的，而且是有尽头的。在所有的推测中，最明显的一个当然是球形，而且一些古代数学家仅通过对一天光影变化的分析就精确地计算出了地球的尺寸。但是，为何科学家能如此确定，地球的表面不是被包裹在其他有趣的形状内呢？他们怎么知道我们不是居住在一个圆环体的表面之上，就像雅达利游戏中的太空人被禁锢在一个百吉饼式的宇宙之中呢？

其中一种探寻方式就是在其他可选择的世界中展开一场想象的旅程。那么，设想让一位探险家置身某个星球中，而且告诉他这座星球要么是一个完美球形，要么是一个完美圆环体。他如何辨别这二者之间的区别呢？我们先让他沿着一条直线穿越这个星球的表面，同时交给他一把刷子和一桶白漆，用来标记他走过的路线。最后，他会回到起始点，而他的足迹便构成了围绕该星球的一个巨大的白色圆圈。

现在，我们再交给他一桶黑漆，并告诉他要沿着另外一个方向走。在球形的地球上，不管他选择什么方向，在他回到原点之前，黑线总会和白线相交。要记得探险家总是沿着表面上的直线行走，因此，这一交汇点必将是星球另一端和出发点相对的那个点。

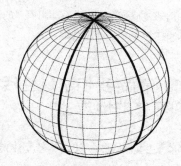

图 2-41　球形上的两条路线交汇在两个点上

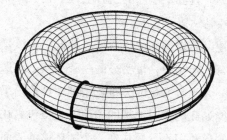

图 2-42　圆环体上的两条路线只交汇在一个点上

若探险家在一个圆环体的星球表面上行走，情况就会完全不同。白色线路会带领探险家绕着圆环体的内圈行走，穿过圆环上的洞口，并从另一侧走出。但是，若把黑色路线设为与白色路线垂直，他便会在圆环体的外围绕上一圈，而不会绕着圆环体内圈行走。因此，两条路线有可能只在出发点交汇一次。

问题是星球表面通常并非完美球形，亦非完美圆环体，其形状常常是畸形的。曾被陨石击中的陨石坑令地面发生了变形，因此，当探险家沿直线行走遇到一个深坑或凸丘时，他就不得不偏离原来的轨迹。事实上，如果探险家沿着直线一直走，他很有可能半途遇险，永远回不到出发点。既然凹形只是某些扭曲的球形或圆环体，是否还存在其他什么方法能够把它们区分出来？此时，便可突显出拓扑学的强大了，因为在拓扑学的眼中，重要的不是两点间什么路线最短，而是一条路线能否变为另外一条路线。

现在，让我们的探险家重新再走一遍，但这次不用油漆，改用白色松紧绳。先让他拉着白色绳子走一圈，返回原点后用绳子的两端打上结，因此，这就像是给这个星球上了套索。然后再让他拉着黑色松紧绳沿另一条路线走一圈，完成后同样把绳子的两端打上结。如果这个星球基本是个球形，只有少数凸起或凹陷，那么无需切断绳子便可将黑色绳子完全重合到白色绳子上。但是，如果行星为圆环体形状，上述操作就不一定总是可行。如果黑色绳子绕向圆环体的内环，而白色绳子沿着外环绕了一圈，那么便无法在不切断绳子的前提下把黑色绳子合并到白色绳子上。这样一来，探险家仅通过在行星表面旅行而无需离开地表便可判断出该行星上到底存不存在洞口了。

另外，还有两种有趣的方法，可用来区分这个星球是圆环体还是球形。设想这两种星球上均布满皮毛。若探险家行走在圆环体星球上，他就会发现，他能够把这个星球表面上的所有皮毛都均匀地梳向一边，比如，他可以把所有皮毛先向着洞口的方向梳倒，然后一直顺着洞口就能从背面梳回来，这样就能一路把皮毛全都梳倒。但是，若行走在球形的星球上，他就会遇到麻烦。不管他如何梳理这些皮毛，最终总会有一小块区域的皮毛是竖着的。

　　由此可以得出一个怪异的有关这两种形状的星球天气的推论，因为皮毛的倒下象征着风吹过的结果。在球形星球中，总会有什么地方（皮毛竖着的地方）是风吹不到的，而在圆环体星球上，风可以吹到表面所有的地方。

　　这两种星球的另一个不同之处则体现在它们各自的地图上。在每个形状的星球上划分出许多国家，然后，用不同颜色把这些国家标出来，使任何相邻国家的颜色都不一样。在一个球形星球的表面上，只需 4 种不同颜色就可以做到这一点。以欧洲地图为例，卢森堡被德国、法国和比利时包围，因此我们至少需要 4 种颜色。但奇妙的是，四种颜色就足够了，再多一种也不需要。不管你如何划分这些欧洲国家的边界，制图师永远不需要第五种颜色。但是，要证明这一现象并不容易。为了证明绝不存在需要第五种颜色的疯狂地图这一现象，人类不得不诉诸于电脑，这也是人类最早借助电脑求解的数学问题之一。因为要证明这一点，需要检验数以千计的地图，仅仅依靠手工的话，作业量实在太大。

图 2-43　为欧洲地图上色只需 4 种颜色

　　那么，对于生活在一个圆环体星球上的制图师来说，他需要动用多少种颜色呢？答案是最多 7 种。我们来回顾一下雅达利游戏中的宇宙，它是由 1 个长方形荧屏卷曲而成的。首先，我们把屏幕上方和下方接起来，卷成 1 个圆筒，然后再将圆筒的左边和右边接起来，从而构成 1 个圆环体。图 2-45 所示便是一张尚未卷曲起来的圆环体表面地图，一旦将其完整连接后，则需要 7 种颜色。

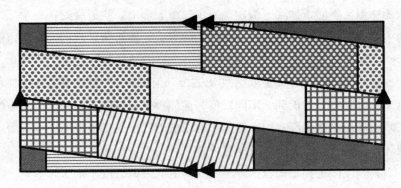

图 2-44　将上述地图的上下和左右两端连接起来构成一个圆环体后，你就会发现该图需要用 7 种颜色来上色

至此，我们一路了解了与气泡、圆环体、分形及泡沫相关的各种数学问题，现在，就让我们来面对数学中的形状这个终极问题吧。

2.16　宇宙是什么形状的？

这个问题已经困扰了人类数千年之久。古希腊人认为宇宙是一个有边界的球体，球体内壁上画着点点繁星。该球体每 24 小时旋转一圈，由此解释了恒星的运行状况。不过，这个形状并不太尽如人意：假如人类向外太空行进，是否会撞上这个内壁呢？如果会的话，那内壁外面又是什么呢？

艾萨克·牛顿是最早提出宇宙可能没有边界的人之一，他认为宇宙是无穷无尽的。尽管一个无穷无尽的宇宙的确令人着迷，但它并不符合当今的宇宙大爆炸理论——即宇宙是从一个物质与能量的焦点上膨胀而来的。现在，我们相信，宇宙中包含的物质总量是有限的，那么，有限的东西又怎么会没有边界呢？

这个问题和我们的探险家在有限的表面却没有边界的星球上面临的问题相似。不同于探险家被困在一个二维表面上，我们身处在一个三维的宇宙中。那么，是否存在一种巧妙的方式，能够帮助我们确定宇宙的形状，从而打破无边界但有尽头这样一个显而易见的悖论呢？

直到 19 世纪中叶，人类发明出四维几何后，一个可能的答案才浮现出来。数学家们意识到，第四维度为他们提供了包裹我们的三维宇宙的空间，从而创造出没有边界但体积有限的形状，就像地球的二维表面或圆环体表面，空间有限，但没有边界。

我们已经见到了像雅达利宇宙这样的有限的二维宇宙实际上是三维圆环体的表面，但是，此刻的我们已经置身三维空间，并穿行在第三维度中。那么，我们居住的这个宇宙和雅达利中的宇宙的表现方式会相同吗？首先，试着想象一下宇宙大爆炸后的样子，当宇宙膨胀到卧室大小时，将其定格下来。在这个相当于卧室大小的宇宙中，空间是有限的，但没有任何边界，因为卧室是以一种十分有趣的方式连接起来的。

想象你此刻站在卧室的正中央，面向其中的一面墙壁。（假定该卧室为立方体形状。）当你向墙壁走去，你不会撞到墙上，反而会穿过后面的墙壁。同样地，你向后面的墙壁走过去时也会穿过前方的墙壁。如果转身 90 度，向左侧的墙壁走去，那么，你就会穿过它并从右侧的墙壁中走出来，反之亦然。我们正是采用了和雅达利游戏中相同的做法才把你的卧室连接了起来。

但不同的是，我们身处三维空间，除了前后左右以外还存在另外一个方向，即上下。我们向天花板飞去时，不会被反弹回来，而是会穿透天花板，又从地板中钻出来。反方向也是一样，钻进地板后又从天花板中出来。

这样的宇宙形状实际上就是一个四维圆环体（即超圆环体）的表面，

但正如游戏中的太空人被局限在雅达利游戏之中，无法逃脱他所在的二维世界来见证其宇宙的卷曲方式一样，我们永远也无法见到这一超圆环体的真容。但是，借助于数学语言，我们还是可以体验它的形状及探索其中的几何原理的。

如今，我们的宇宙已经膨胀到远远大于一间卧室的程度，但它或许仍像一个超圆环体那样自我衔接。想象一束从太阳发出的笔直的光线。或许，这束光线并不会消失在茫茫宇宙之中，而是会不断循环、返回并最终射到地球表面上。果真如此的话，其中一个遥远的恒星不过是我们从反方向所看到的太阳本身，因为光会在整个超圆环体中循环往复，直到最终返射到地球表面上。因此，我们所看到可能仍然是太阳，只不过是更年轻的太阳。

这一点看似不可思议，但是，不妨设想一下，此刻你坐在等同于卧室大小的一个迷你超圆环体宇宙中，划开一根火柴。向前方的墙壁望去，你就会看到火光在你的正前方跳动。现在转身向卧室的后方墙壁望去，你会再次看到这根火柴，只是这次火柴的位置有点远，因为它的火光射向卧室前方的墙壁，接着又从后面的墙壁中穿出，然后才射向你的眼睛。

除了超圆环体以外，我们也可能居住在一个四维足球的表面上。有些天文学家认为，人类可能居住在一个类似十二面体的形状中，就像迷你卧室宇宙一样，当我们穿过十二面体宇宙的其中一个表面时，便会从与它正对的一个表面中钻出来。或许我们转了一大圈后，又回到了柏拉图在两千年前提出的那个模型。他认为，我们的宇宙被封存在一种类似玻璃的十二面体之中，而恒星则卡在这个立体的表面上。或许当代数学家们都能从这个模型中找出些许答案，将该形状的表面彼此衔接以构成一个宇宙，但是，这个宇宙没有玻璃墙壁。

那么，宇宙还有没有其他可能的形状呢？还记得庞加莱对二维表面（比如我们所身居的地球表面）所有可能形状的分类吗？这些表面可被卷曲成一个球体、一个圆环体、双洞圆环体或更多洞的圆环体。庞加莱证明出，任何其他形状都能变换为上述形状中的一种。

那么，我们身居的三维宇宙又会是怎样呢，它的形状能是什么呢？这就是本章的被称为庞加莱猜想的价值百万美元的难题。这道题的特殊之处在于，2002 年，有新闻爆出它已经被俄罗斯数学家格里戈里·佩雷尔曼破解了。很多数学家对他的证明进行了验证，并认可了他的工作，他的确提出了宇宙所有可能的形状。这是首个被破解的百万美元难题。然而，2010 年 6 月，当这 100 万美元被奖给佩雷尔曼时，令人吃惊的是，他却拒绝接受。对他来说，重要的并不是钱，而是解答了数学史上一个最重要问题。在此之前，他还拒绝接受菲尔兹奖，该奖相当于数学界的诺贝尔奖。在这个名利和物质至上的年代里，还有单纯以解决问题为目标，而不以奖项为目的的人，这一点不能不让我们肃然起敬。

有了佩雷尔曼的证明，如今，数学家已经完成了对于所有可能的宇宙形状的分类。接下来的工作就要交给天文学家了——观测夜空并确定到底哪一种形状与宇宙的真实形状最吻合。

2.17　答案

想象形状

切片切割立方体的 6 个表面后，每个表面都为新表面提供 1 个边，最终得出的形状必定是对称的，因此，结果是 1 个正六边形。

解开环扣

下图即是利用不断变形的方式把 2 个相扣圆环变换为 1 个双洞圆环体的过程。

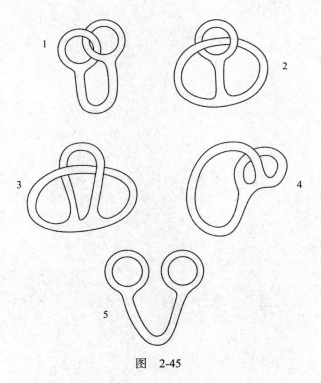

图 2-45

第 3 章

连胜秘诀

游戏是人类生活经验中不可缺少的一部分。它是一种安全的探索现实世界的手段。比如，大富翁是一个微缩的经济场景，国际象棋是一个 8×8 的战场，扑克则是一种风险评估活动。在玩游戏的过程中，我们会根据特定的规则，研究出各种判断游戏进展的方法，并制定相应的对策。在游戏中，我们学习到与机会和不可预知性有关的知识，而这些也正是自然界中生命游戏的关键内容。

世界上各种古老文明均发明出种类繁多的游戏。向沙地投掷石头，向空中投掷棍棒，在雕刻的木格中摆放筹码，徒手对决，在卡片上绘制图画等等，这都是游戏。而自古以来，从古非洲棋到大富翁，从东方的围棋到拉斯维加斯的扑克赌桌，赢得游戏的总不外乎是那些擅长数学和分析的人。在本章中，我会向你介绍为何数学是连胜的秘诀。

3.1 如何成为剪刀石头布游戏的世界冠军？

剪刀石头布的游戏，世界各地都有自己的叫法，在日本叫做 Jan-ken-pao，在加州叫做 Ro-sham-bo，在韩国叫做 Kai-bai-bo，在南非则叫做 Ching-chong-cha。

游戏规则十分简单。两个人一起数到 3，然后伸出 3 种手势中的一种：拳头代表石头、手掌摊开代表布，两根手指形成 V 型则代表剪刀。石头赢剪刀，剪刀赢布，布赢石头，手势相同则为平局。

现在看来前两个胜负标准很合理：石头会砸坏剪刀，剪刀会剪开布。但是，布为什么能赢石头呢？如果有人向你扔石头，一块布大概帮不上什么忙。不过，这一点可能源于古代中国的一个传统，当时向皇帝进谏时需呈上一块石头。皇帝用一块绢布放在石头下面或石头上面的方式来暗示自己是否纳谏。如果石头被绢布罩住，则说明进谏失败。

现在，我们已很难追溯这个游戏的起源。有证据显示，远东地区和凯尔特的部落中的人们都曾玩过这个游戏。甚至，还可能追溯至更早的古埃及人，他们常玩猜拳游戏。但是，所有这些文明在对该游戏的发明问题上都输给了一个蜥蜴种群，它们在物种的生存斗争中便运用到了这个游戏，而那时的人们甚至连怎么握拳都还不会呢。

美国西海岸栖息着一种叫做侧斑美洲鬣蜥的蜥蜴种群，该种群更常被称为侧斑蜥。这种蜥蜴的雄性种群共有 3 种不同的颜色——橙色、蓝色和黄色，而每种颜色的雄性蜥蜴都有各自不同的求偶策略。橙色蜥蜴是其中最强壮的，因此，它们会攻击和教训蓝色蜥蜴。而蓝色蜥蜴又比黄色蜥蜴个儿大，乐于同黄色蜥蜴打斗，教训这些小个子。然而，尽管黄色蜥蜴的个头比不上蓝色蜥蜴和橙色蜥蜴，但是，它们的长相和雌性蜥蜴相仿，这一点则会迷惑橙色蜥蜴。因此，血气方刚的橙色蜥蜴在寻找打架对手时，就会忽视黄色蜥蜴，而后者则趁机溜走去和雌性交配。黄色蜥蜴因此有时被称为蜥蜴中的"小人"，它们使出暗度陈仓这招来完败大个儿的橙色蜥蜴。综上所述，橙色赢蓝色，蓝色赢黄色，黄色赢橙色，刚好是一个进化论版本的剪刀石头布。

图　3-1

　　长久以来，这些蜥蜴通过基因的传承一直在玩这个剪刀石头布的游戏，了解它们是如何发现这样的一种制胜策略的，一定会非常有趣。它们之间的种群数量会遵循一个 6 年的变化周期，一开始橙色蜥蜴占多数，接着是黄色，然后是蓝色，然后，又回到橙色。这一模式和人们在剪刀石头布的两人对决中所采取的策略几乎一模一样。对方总出石头的话，你自然就会开始出布，而一旦对方发现总是石头对上布时，则会转念派出剪刀来剪你的布。很快，你也会发现这一转变，于是，就又开始出石头。

　　要赢得这个游戏，关键在于摸清对方的路数，而这一点就要依靠数学能力了。只要你能摸清对方的路数，判断出对方下一步要出的手势，你便胜利在望了。问题就是你的反应不能及时地体现出明显的策略和节奏，否则，对方便会轻易识破从而占据上风。两方对决的时候，各自心中都有大量的心理活动，都想要摸清对方的路数，不停地猜测对方下一次要出什么。

　　近来，剪刀石头布已经从一个市井游戏上升到了一项国际赛事。每年赢得剪刀石头布比赛的世界冠军都可获得 1 万美元的奖金。迄今为止的冠军选手几乎都来自北美，但是，2006 年，一位来自伦敦北部的"石头小子"鲍勃·库伯在比赛中沉着应对，最终赢得冠军。他是如何训练的呢？"他每天都会在镜子前苦练数小时之久吧。" 我想这样能帮他建立和一个试图解读自己路数的对手对阵的情境。那么，他的成功秘诀又是什么呢？他的绰号使对手以为他会经常出石头，于是便总以布的手势来应对，但库伯反其道而行之，派出剪刀上阵。不过，一旦对手识破这一诡计，"石头小子"鲍勃便要运用一种数学手法。

　　从数学而非心理学的角度来看，应对这一游戏的最佳策略就是随机出招。只有这样，对手才无从捕捉你的路数，因为在完全随机的情况下，前面如何出招完全不影响后面的出招。这和掷硬币的道理一样，前 9 次的投掷结果和最后 1 次的结果之间完全没有联系。哪怕前 9 次掷出的都是正面，第 10 次也不会因此就掷出反面，以此来平衡投掷结果。毕竟，硬币没有记忆。

　　随机出招的策略只会带来五成胜算，这就像完全把游戏输赢交给硬币来定夺一样。但是，如果由我来对阵世界冠军，我定会毫不犹豫地采取任何一种有五成胜算的策略。我想象不出究竟有多少运动，你能设计一种策略使自己有 50% 的机会可以击败这些项目的世界冠军。百米短跑？做梦去吧。

　　但我们要如何依次出招，并确定它是完全随机的，而且其中并无隐藏任何模式呢？这是一个实实在在的问题，人类制造随机序列的能力糟糕得一塌糊涂——我们过于依赖模式化，因此在建立随机序列时会不自觉地把模式嵌入进来。为帮你赢得这个剪刀石头布游戏，你可登录本书配套网站下载相关的 PDF 文件，其中包含一个剪刀石头布的骰子，它能帮助你打造出随机的招数序列。

剪刀与塞尚

剪刀石头布的游戏常被用来解决各类纷争，包括操场上的打斗、董事会里的纷争等。索斯比和克里斯蒂这两家著名拍卖行曾就印象派画家塞尚和梵高的一系列作品的拍卖权问题，执行了一轮剪刀石头布来做出最终裁决。

两家拍卖行均有一个周末的时间来考虑各自的招数。索斯比一方花巨资请来一个顶级分析团队，以期打造出一个制胜策略。最后，分析师们认为，这完全是一个靠机会赢的游戏，因此，不管他们随机选择出哪种招，胜负几率都是一样的。他们最终选择出布。克里斯蒂一方则仅仅询问了公司某位员工的 11 岁女儿。小女孩告诉他们："大家都以为你们会出石头，所以他们会出布。所以呀，出剪刀吧。"结果，克里斯蒂赢得了这项合同。

从这件事中我们就能看出，数学并不总是制胜的法宝。

3.2　你的随机能力如何？

我们的直觉非常不擅长意识到随机性带来的结果。不如我们来打个赌吧。现在开始投掷 10 次硬币，如果出现 3 次连续的正面或连续的反面，你就给我 1 元，否则，我给你 2 元。怎么样，赌不赌？

如果把我支付的那份赌注提升至 4 元呢？现在赌不赌？我猜，即使你刚才还在犹豫的话，现在已经跃跃欲试了吧。那么就让我们来看一下，连续出现 3 次正面或 3 次反面的几率到底有多大呢？令人吃惊的是，其几率高达 82%。这么说来，即便我把赌注提高到 4 元，长期来看，赢钱的仍然是我。

准确地说，投掷 10 次硬币连续出现 3 次正面或反面的几率是846/1024。下面我们就来看一下详细的计算过程。奇怪的是，第 1 章中讲述的斐波纳契数列正是解决这一问题的关键，不过一旦更多地了解这些数字以后，我们就会发现这些数列真的是无处不在。如果我们掷 N 次硬币，所得出的结果序列会有 2^N 种不同的可能性。假设 g_N 为不包含连续 3 次正面或连续 3 次反面的序列的数量，遇到这些序列组合的时候，你便是赢家。我们可以通过斐波纳契数列的法则来计算出 g_N 的值：

$$g_N = g_{N-1} + g_{N-2}$$

要让这个等式运转起来，我们只需要知道 $g_1 = 2$，$g_2 = 4$ 即可，因为在投掷 1 或 2 次后，还不会出现连续 3 次正面或连续 3 次反面的情况。于是，我们便可依次推算出该序列中的每个数字：

$$2, 4, 6, 10, 16, 26, 42, 68, 110, 178$$

由此可知，投掷 10 次硬币后，会有 1024 – 178=846 种序列组合中存在连续 3 次正面或连续 3 次反面的排列。因此，其出现的几率为 846/1024，大约为 82%，即我赢的几率为 82%。

那么，为何斐波纳契数列法则会是计算 g_N 的关键呢？在 $N-1$ 次投掷中所有不含连续 3 次正面或连续 3 次反面的组合数为 g_{N-1}。然后让第 N 次投掷和第 $N-1$ 次投掷的结果相反。接下来，取 $N-2$ 次投掷中不含连续 3 次正面或连续 3 次反面的组合数 g_{N-2}。再让第 $N-1$ 次和第 N 次投掷均与第 $N-2$ 次投掷结果相反。如此，我们便得到了 N 次投掷下所有不含 3 次连续正面或 3 次连续反面的组合。

3.3 怎样才能中大奖？

当人们知道我终生都在和数字打交道时，最常问我的就是上面的这个问题。然而，就像掷硬币一样，前几周的彩票序列对新一期的彩票号码毫无影响。所谓随机就是这个意思，但是总有一些人痴心妄想。

意大利国营的双周彩票在全国 10 个城市发行，买彩票的人需要选择 1 到 90 之间的数字。有一段时期，数字 53 有近 2 年的时间没有出现在威尼斯的彩票结果上。当然，既然这么长时间都没有现身，下周一定轮到它了吧——至少很多意大利人都是这么想的。一位女士将全家积蓄都押在了 53 这个数字上面。但是，当彩票开奖后，53 并未如期现身，这位女士最终投海自尽。更有甚者，一名男子在输掉巨额彩票费用后枪杀了全家人，然后饮弹自尽。据估计，意大利人当周在 53 这个号码上共投入了 24 亿英镑的资金，平均每个家庭合 150 英镑。

由此，甚至有人呼吁政府把 53 这个数字从彩票号码中剔除出去，以终结国民对该数字的痴迷。2005 年 2 月 9 日，彩票终于开出 53 号球，这一期的彩票奖金共有 4 亿英镑，由数量不清的一批彩民共享。免不了有人指责政府有意按着 53 这个球，以避免支付太高的赔付额，像这样的流言已经不是第一次出现了。1941 年，8 号球在罗马的彩票中失踪了 201 期，许多人都认为墨索里尼政府操纵了这一结果，以引诱国民把赌注都下在 8 号球上，从而为意大利的战争活动筹措经费。

现在，就来看看你的运气如何吧，我们来玩一个小小的彩票游戏。在这个游戏中，我无法提供百万英镑的彩金，但是，好消息是你也不用花钱去买彩票。要玩本书版的彩票，只需从彩票上的 49 个数字中选择 6 个即可（如图 3-2 所示）。

```
[1]  [2]  [3]  [4]  [5]  [6]  [7]  [8]  [9]  [10]
[11] [12] [13] [14] [15] [16] [17] [18] [19] [20]
[21] [22] [23] [24] [25] [26] [27] [28] [29] [30]
[31] [32] [33] [34] [35] [36] [37] [38] [39] [40]
[41] [42] [43] [44] [45] [46] [47] [48] [49]
```

图　3-2

> 你是否已经选了数字？要想查看你是否中奖，
> 请查询相关网址。

　　查看中奖与否，你可以登录方框中所列出的网站，选择一张彩票，如英国国家彩票，然后点击"取票"（Pick Tickets）即可。如果你不能上网，可以翻到本章结尾处，我已经给出了一个事先决定好的 6 个数字的序列。但是，不要作弊啊，就像解数学谜题一样，独立算出正确答案要比直接翻看答案有趣得多。

　　那么，全部选对 6 个数字，即中奖的可能性到底有多大呢？要计算出这一几率，就需要先计算出这里面到底存在多少种 6 个数字组合的可能性，我们用 N 来表示这些可能性。如此一来，中奖的几率便为 N 分之一。先来热身一下，我们先计算出其中有多少种两个数字的组合。首先，第一个数字有 49 种选择，第二个数字有 48 种选择。每一次选择的第一个数字均能够和另外的 48 个数字配成一对。因此，两个数字的组合方案共有 49×48 种。但是且慢，我们实际上把每种数字组合都算了两遍。试想，将第一个数字设为 27，第二个数字设为 23，和将第一个数字设为 23，第二个数字设为 27 并没有任何区别。因此，最终的组合数量只有我们最初所计算出的一半,即 $0.5 \times 49 \times 48$。

现在就来计算 6 个数字可能的组合数量。其中,第一个数字有 49 种选择,第二个数字有 48 种,第三个有 47 种,第四个有 46 种,第五个有 45 种,第六个有 44 种。所以,这里面共有 $49 \times 48 \times 47 \times 46 \times 45 \times 44$ 种组合的可能。但我们还是将有些组合算了不止一次。到底算了多少次呢?以 1 2 3 4 5 6 为例,我们可以选择其中任何一个(如 5)作为第一个数字,然后剩余五个中的任何一个(如 1)作为第二个数字,之后 4 个数字中的任何一个(如 2)作为第三个数字,剩下 3 个数字中的任何一个(如 6)作为第四个数字,然后剩下的 2 个数字中的任何一个(如 4)作为倒数第二个数字,最后那个数字(按照上面的选择,这里只剩下 3 了)便作为第六个数字。因此,这六个数字就被以 $6 \times 5 \times 4 \times 3 \times 2 \times 1$ 种不同的顺序挑选了出来。对其他数字组合来说也是一样。因此,要计算出彩票中六种数字组合的可能数量,只要用 $49 \times 48 \times 47 \times 46 \times 45 \times 44$ 除以 $6 \times 5 \times 4 \times 3 \times 2 \times 1$ 即可。经过计算,答案为 13 983 816。

这个数字同时也揭示了买彩票中大奖的几率,因为,从彩票机中跳出的彩球组合的数量共有 13 983 816 种。换句话说,你选中正确组合的可能性即 13 983 816 分之一。

那么,一个号码也不中的可能性有多大呢?我们可以用同样的方法来计算。首先,第一个号码必须是中奖号码以外的 43 个数字之一,第二个号码必须是剩下的 42 个数字之一,依此类推。可以算出 $43 \times 42 \times 41 \times 40 \times 39 \times 38$ 中组合。同样,其中每种组合都被算进来了 $6 \times 5 \times 4 \times 3 \times 2 \times 1$ 次。因此,一个数字也不中的数字组合共有 $43 \times 42 \times 41 \times 40 \times 39 \times 38$ 除以 $6 \times 5 \times 4 \times 3 \times 2 \times 1$ 种,即 6 096 454 种。也就是说,有差不多接近一半的组合中不包含任何一个中奖号码。要计算出这一准确几率,只需用 6 096 454 除以 13 983 816 即可。经过计算,购买的彩票号码完全没中奖的几率大概为 43.6%。

　　也就是说，你还有大概 56.4%的几率至少猜对其中的一个号码。那么，猜对 2 个号码的可能性有多大呢？要计算出这一点，首先要确定 2 个准确数字可能的组合数。其中，第一个数字有 6 种选择，第二个数字有 5 种选择。即 6×5，但这里还是将每种组合都算了 2 次，因此还是要除以 2。而 4 个错误数字的可能组合则为 43×42×41×40 除以 4×3×2×1 种。所以，刚好中 2 个号码的组合数量即为：

$$\left(\frac{6\times5}{2}\right)\times\left(\frac{43\times42\times41\times40}{4\times3\times2\times1}\right)=1\ 851\ 150$$

　　表 3-1 中分别列出了从猜对 0 个数字到猜对 6 个数字的几率大小，它们都是以同样的方法计算出来的。现在换一种角度来审视这些数字，如果你每周都买一张国家彩票，那么，一年多内，你大概会碰上至少一张猜中 3 个号码的彩票。而大概 20 年之后，也许你会至少遇到一次猜中 4 个号码的彩票。如果阿佛列大帝从他所在的那个时代就每周买一张彩票，那么到现在为止，他应该会遇到一张猜对 5 个数字的彩票。如果，世上第一个智人突然有去当地的报刊零售摊买彩票的第一念头，而且坚持周周都买，那么到今天，他大概才中过一次头奖。

　　如果你果真有幸中了头奖，希望你不要碰上英国 1995 年 1 月 14 日那期的情况，那一次是国家彩票开奖的第 9 个星期。彩金高达 1600 万英镑。随着 6 个数字逐一地从机器中跳出，中奖的彩民一定兴奋地上蹿下跳，为之欢呼。但是，当他们前去领奖金时，每位彩民都意外地发现他们不得不和另外 132 名中奖彩民共同分享这笔巨款。最终，每人只领到了区区 122 510 英镑。

表 3-1 分别猜对 0 到 6 个国家彩票数字的几率

中奖数字个数	中N个数字时的数字组合数量	正好中N个数字的几率
0	$\dfrac{43\times42\times41\times40\times39\times38}{6\times5\times4\times3\times2\times1}=6\,096\,454$	$\dfrac{6\,096\,454}{13\,983\,816}=0.436$ 近似二分之一
1	$6\times\dfrac{43\times42\times41\times40\times39}{5\times4\times3\times2\times1}=5\,775\,588$	$\dfrac{5\,775\,588}{13\,983\,816}=0.413$ 大约五分之二
2	$\dfrac{6\times5}{2}\times\dfrac{43\times42\times41\times40}{4\times3\times2\times1}=1\,851\,150$	$\dfrac{1\,851\,150}{13\,983\,816}=0.132$ 大约八分之一
3	$\dfrac{6\times5\times4}{2\times3}\times\dfrac{43\times42\times41}{3\times2\times1}=246\,820$	$\dfrac{246\,820}{13\,983\,816}=0.0177$ 大约五十七分之一
4	$\dfrac{6\times5\times4\times3}{2\times3\times4}\times\dfrac{43\times42}{2\times1}=13\,545$	$\dfrac{13\,545}{13\,983\,816}=0.000969$ 大约1 032分之一
5	$\dfrac{6\times5\times4\times3\times2}{2\times3\times4\times5}\times43=258$	$\dfrac{258}{13\,983\,816}=0.0000184$ 大约54 200分之一
6	1	13 983 816分之一

　　为什么这么多人都能猜到准确的数字组合呢？个中原因涉及我们之前在讨论剪刀石头布游戏中所提到的：人类在选择随机数字方面的能力一塌糊涂。由于每周都有 1400 万彩民购买国家彩票，其中很多人会选择非常雷同的号码，比如幸运数字 7，或选择他们的生日、特殊纪念日（这样便排除掉 32 到 49 之间的数字）等。而很多人在选择数字的时候都有一个特殊喜好，就是较均匀地分布每一个数字。

为何数字喜欢抱团

这里介绍如何计算出包含 2 个连续数字的彩票组合数量。数学家的聪明之处在于他们总喜欢换一个角度看问题，解决这个问题的方法也是如此。首先计算出不含有连续数字的彩票数量，然后再用总的组合数量减去这个数字，得出的即是包含连续数字的彩票数量。

首先，从 1 到 44 的数字中间选择六个数字（数字最大只能到 44，而不能到 49，读完这段你就知道原因了。）将选出的 6 个数字从小到大依次命名为 $A(1), \cdots, A(6)$。这里面 $A(1)$ 和 $A(2)$ 有可能是相邻的，但 $A(1)$ 和 $A(2)+1$ 不可能是相邻的。同样，$A(2)$ 和 $A(3)$ 可能相邻，但 $A(2)+1$ 和 $A(3)+2$ 不可能是相邻的。因此，如果选择以下这六个数字：$A(1), A(2)+1, A(3)+2, A(4)+3, A(5)+4$ 和 $A(6)+5$，那么没有一个数字是相邻的。（现在你应该清楚为何段首所选的最大数字只能是 44 了吧，因为当 $A(6)=44$ 时，$A(6)+5=49$。）

借助于这个小窍门，即从 1 到 44 之间选择 6 个数字，然后通过为每个数字增加一点的方法把数字分散开来，便可得出所有不含连续数字的彩票了。经过计算，我们发现其结果与从 1 到 44 之间选择 6 个数字的组合数量相同。一共有以下数量种之选择：

$$\frac{44 \times 43 \times 42 \times 41 \times 40 \times 39}{6 \times 5 \times 4 \times 3 \times 2 \times 1} = 7\ 059\ 052$$

因此，所有包含连续号码的彩票数量便为

$$1\ 3983\ 816 - 7\ 059\ 052 = 6\ 924\ 764$$

图 3-3 为第 9 周开出的彩票数字组合。

```
[1]  [2]  [3]  [4]  [5]  [6]  (7)  [8]  [9]  [10]
[11] [12] [13] [14] [15] [16] [17] [18] [19] [20]
[21] [22] (23) [24] [25] [26] [27] [28] [29] [30]
[31] (32) [33] [34] [35] [36] [37] (38) [39] [40]
[41] (42) [43] [44] [45] [46] [47] (48) [49]
```

图 3-3

均匀分布并非随机数字组合的典型特征:在随机组合中,数字抱团与分散开的可能性是相同的。在所有 13 983 816 种可能的彩票组合中,共有 6 924 764 种组合包含两个连续数字。这种情况的概率为 49.5%,即近乎一半。例如,上周的彩票数字中就包含 21 和 22 这对连续数字。而这周,又一同出现了 30 和 31 这两个连续数字。

但是,也不要完全陷在这些连续数字里面。你也许会认为 1 2 3 4 5 6 是个不错的组合。毕竟,事到如今,希望你已经了解到,该组合中大奖的可能性和任何其他组合都是一样(都是极其微小的)。要是你凭借这组数字赢得头奖,你会期待独享其成吧。但是,每周全英国都有 1 万多名彩民用这组数字下注。这一点虽然体现了英国人的聪明和机智,但是,问题是就算这个组合果真中了头奖,你还得和其他 1 万多人平分彩金呢。

3.4 如何利用这个价值百万美元的质数问题出老千和变魔术?

老千和魔术师的洗牌方式都跟普通人的不一样。不过,只需经过数小时的练习,即使普通人也能掌握这种所谓的完美洗牌法。在这种洗牌方式下,扑克牌刚好一分为二,然后,两份扑克牌会严格按照左一张右一张的方式交织在一起。如果你在玩扑克,那么,这种洗牌方式十分阴险。

　　设想此时有 4 个人坐在牌桌前，其中包括：庄家、同伙，及 2 名蒙在鼓里、引颈待宰的赌客。庄家将 4 张 A 牌放在一摞牌的上面，经过一轮完美洗牌后，每张 A 牌彼此间隔两张牌，又一轮完美洗牌后，每张 A 牌彼此间隔 4 张牌。这样一来，庄家便可将 4 张 A 牌全部发在他的同伙手中。

　　由于魔术师探索出完美洗牌本身具有的一项有趣的特质，完美洗牌法已开始被众人所知。如果你现在手握 52 张牌，经过 8 次完美洗牌后，所有纸牌会惊人地复归原位。对观看者来说，洗牌的过程似乎使整摞扑克牌都随机地乱开了。毕竟，普通人在玩牌时不至于洗这么多次牌。实际上，数学家们已经证实，一副牌经过普通玩家洗过 7 次以后，其原本的排列顺序就完全瓦解掉了，转而变成一副随机的牌。但是，完美洗牌绝不是随便地洗牌。把一副牌想象成 1 枚八边硬币，每经过一次完美洗牌，硬币就翻转一边，经过 8 次完美洗牌后，硬币即返回到初始位置。

　　如果纸牌张数不是 52 张，那么，需要经过多少次完美洗牌才能使所有牌回到初始位置呢？如果在 52 张牌中加入 2 张鬼牌使其变成 54 张牌，那么则需要洗 52 次才能使其中所有的牌复归原位。如果再加入 10 张牌，使其变成 64 张牌，则只需要洗 6 次就可复归原位。当纸牌数量为 $2N$（牌数必须为偶数）时，需要多少次完美洗牌才能复归原位呢？这里面存在哪些数学规律吗？

　　将所有纸牌依次编号为 0，1，2，一直到 $2N-1$ 为止。你会发现，每经过一次完美洗牌，纸牌编号都会增加 1 倍。纸牌 1（实际上是第二张牌）变成纸牌 2。再次洗牌后，纸牌 2 变成纸牌 4，再洗一次则变为纸牌 8。把首张牌编号为 0 可使接下来的数学运算简单一点。

　　接下来，后面纸牌的变化规律又是怎样的呢？要理出每张纸牌的位置变化规律，设想一只 $2N-1$ 个小时的钟表，52 张纸牌就像是分别摆在从 1 点到 51 点的位置上的钟表。如果想知道 32 号纸牌经过洗牌后去了哪里,只需将 32 加倍即可,也就是把 32 点的位置继续向前数 32 个小时,它便落在了 13 点的位置上。要算出需要多少次完美洗牌才能让一整副牌复归原位,其实就是要知道,需要把钟表上的点数加倍多少次才能让所有点数都回归原位。实际上,我们只需找出数字 1 经过多少次才能回归原位即可。在一个有 51 个小时的钟表上,以下便是 1 的循环过程:

$$1 \rightarrow 2 \rightarrow 4 \rightarrow 8 \rightarrow 16 \rightarrow 32 \rightarrow 13 \rightarrow 26 \rightarrow 1$$

而适于 1 的计算同样也适用于所有其他数字,因为,实质上,经过 8 次完美洗牌,就等于将每张纸牌所在的位置乘以 2^8,这样做和乘以 1 的效果是一样的,也就是说,纸牌回到了原位上。

那么,要将一副牌复归原位最多需要多少次完美洗牌呢?皮埃尔·德·费马证明出,当 $2N-1$ 为质数时,在 $2N-1$ 个小时的钟表上不停加倍,经过 $2N-2$ 次加倍后,所有钟点肯定将复归原位。因此,对一副 54 张牌来说,由于 54 − 1=53,而 53 为质数,因此,要让其中的所有纸牌复归原位,经过 52 次完美洗牌就绝对足够了。

如果 $2N-1$ 不是质数,那么,要计算出最多所需的完美洗牌次数则需要一个更复杂的公式。如果 $2N-1= p \times q$,而 p 和 q 为质数,那么 $(p-1) \times (q-1)$ 次完美洗牌便足够让所有纸牌都复归原位了。因此,对一幅 52 张牌来说,根据上述公式,52 − 1=3 × 17,(3 − 1) × (17 − 1)=2 × 16=32,所以 32 次完美洗牌便是所需的最多次数。但是,实际上,我们只要洗 8 次就可以了。(在下一章里,我会证明费马的神奇之处,并介绍为何同样的数学原理也是确保互联网信息安全的关键所在。)

这里有一个可追溯至 200 年前高斯所做的工作的数学问题,它就是:是否存在无数多的数字 N,使 $2N$ 张纸牌必须经过最多次的完美洗牌才能使所有纸牌复归原位?该问题其实和第 1 章结尾提及的有关质数的价值百万美元的难题黎曼猜想相关。如果质数真的是按黎曼猜想所预测的那样分布的，那么便会有无穷多的纸牌需要经最多次的完美洗牌才能让所有纸牌复归原位。世界各地的魔术师们和赌客们或许没有屏气凝神地在等待这一问题的解决，但是，数学家们对质数和洗牌问题之间的关联充满好奇。即使它们之间的确存在关联也无须诧异，毕竟质数在数学中的地位非常重要，它们总是会现身在最离奇的地方。

扑克小贴士

在流行的德州扑克游戏中，每个玩家一开始先拿到两张牌，背面朝上扣在桌上。随后，庄家会在桌上发5张牌，正面朝上。玩家从自己手中的两张牌及桌上的5张牌中选出最好的5张牌，由此试图打败对手。如果一开始你手中拿到的是两张连牌（比如梅花7和黑桃8），你可能会很兴奋，并开始期待最终能拿到一把顺子（连续的五张牌，花色不限，比如6 7 8 9 10）。

顺子绝对是一手好牌，拿到这种好牌的机会是非常小的，因此，拿到两张连牌时你可能觉得值得为此赌上一把，因为有机会能拿到一把顺子。但此时，你应当回想一下彩票的几率问题。彩票中有两个连续数字出现的情况是非常常见的，牌桌上也是一样。你知道吗？玩德州扑克的时候，超过15%的人一开始都会拿到连牌。但是，当庄家把另外5张牌发完后，其中只有不到三分之一的人能有机会组成顺子。

3.5 赌场数学：翻倍还是赔光？

设想你现在正置身赌场中的一台轮盘赌机面前，手中握有 20 个筹码。你试图在离开赌场之前把手中的筹码翻倍。如果将筹码正确地押在红色或黑色上面，筹码便会翻倍。那么，最佳策略是什么呢？把所有钱全部押在红色上面，还是一次押 1 个筹码，直到你要么输光所有筹码，要么翻倍为 40 个筹码为止呢？

要分析这个问题，就必须要了解到，你每下一次注，实际上都要支付给赌场一点点费用，当我们把所有输赢结果平均起来看你就明白了。当你把筹码押在黑色 17 上面，并刚好中了黑色 17，那么赌场会归还你的那颗筹码，然后再付给你另外 35 颗筹码。假如轮盘赌上一共有 36 个号码的话，这个游戏便是公平的，因为如果拿着 36 个筹码持续押注黑色 17 的话，在轮盘赌机运行 36 次后，平均来说，有 35 次你会失利，而有 1 次会中。如此，你手中的筹码数则会维持在最初的 36 个。但在欧洲轮盘赌机上，实际上一共有 37 个号码（1 到 36 再加上 0，0 既非红色也非黑色），如果上面只有 36 个号码的话，赌场也就不用做生意了。

由于赌机中共有 37 个号码，因此，每次赌客押注 1 英镑，赌场实际上就从中获利 1/37×1 英镑，即大约 2.7 便士。赌场可能不时要向某位赌客支付巨额赌金，但长期来看，根据概率法则，它终究还在进账。实际上，美国赌客的命运更加不济，因为在美国，轮盘赌机上共有 38 个号码：1 到 36，再加上 0 和 00。我们已经算出每押注一个号码，从长期来看，都会花掉你 2.7 个便士。但你并不一定要押一个号码，例如，你可以押红色或黑色号码，可以押奇数号码或偶数号码，或者押从 1 到 12 的所有号码。其几率的计算方法都是一样的，因此，不管你怎么押注，每押注一次，基本上总会花掉 2.7 个便士。

那么，到底怎么押注翻倍的机会才最大呢？首先，因为每押注一次，都要付出一定的费用，所以最佳策略一定是尽可能减少押注次数。红色中的概率为 18/37，即略小于 50%，如此，手中的筹码便会翻倍，所以，将所有钱一次全部押在红色上面就是翻倍的最佳策略，尽管这样做会让你逗留赌场的时间变得十分短暂。每次押一个筹码的翻倍概率为：

$$\frac{1-(19/18)^{20}}{1-(19/18)^{40}}$$

算下来大概是 25.3%的概率。因此，如果采取这个策略的话，实际上是将实现目标的机会减半了。

那么，到底去哪里玩轮盘赌最划算呢？如果你把钱押在红色上面，而最后转出 0 的话，有些赌场会采用一个"监闭"法则，根据该法则，赌场将返还一半的赌金。这也就意味着赌场的盈利空间被压缩了——在这种赌场玩轮盘赌所需支付的费用就要比其他地方少一些。长期来看，每次下注的花费将为：

（失利几率）×赌注–（胜利几率）×收入

$$=\frac{18}{37}\times £1 + \frac{1}{37}\times £0.50 - \frac{18}{37}\times £1$$

$$=1.35 \text{ 便士}$$

而不是你在其他赌场要支付的 2.7 便士。因此，如果赌场采用"监闭"法则，从长期来看，押在红色或黑色筹码上所需支付的费用要比玩其他类型的赌法要低一些。

另外，你也可以选择不把那一半的筹码拿回来，而让所有筹码进入"监闭"状态。庄家会再次转动转盘，如果这次红色中的话，你的筹码便可得到缓刑，赌场会全部如数奉还（但没有任何额外收入）；反之，如果中的是黑色，你就会失去全部筹码。此时，你能拿回全部筹码的几率为 18/37（刚好小于 50%），因此，最好的处理方式恐怕是在还有机会的时候直接拿走一半筹码了事，而不是孤注一掷，期望红色出现，试图保留所有筹码。

综上所述，这种赌法显然对赌客不利。但是，是否存在什么数学方法，可以帮助赌客赢得赌局呢？有一种方法叫做加倍赌注法（martingale）。一开始，拿 1 个筹码押红色，中的话，你可以拿回 2 个筹码。如果不中，接着用 2 个筹码押红色。这次中的话，你可以拿回 4 个筹码。而由于第一局输掉了 1 个筹码，因此总的算来，此时共获利 1 个筹码。而如果这次红色依然不中，那么继续用 4 个筹码来押红色。这次如果中的话，你可以拿回 8 个筹码。但减去第一轮和第二轮输掉的 3 个筹码之后，你获利的将是……1 个筹码。

遵循该系统的方式就是持续加倍赌注，直到最后中了红色为止。你最终只能赢 1 个筹码，因为当第 N 轮红色中的时候，你会赢得 2^N 个筹码（你押的就是这么多）。但在之前的 $N-1$ 轮中，你已经损失了 $L = 1+2+4+8+\cdots+2^{N-1}$ 个筹码。以下是计算 L 数值的一个聪明方法。L 自然等于 $2L-L$。那么 $2L$ 等于多少呢？

$$2L = 2 \times (1+2+4+8+\cdots+2^{N-1}) = 2+4+8+16+\cdots+2^{N-1}+2^N$$

现在减去 1 个 $L = 1+2+4+8+\cdots+2^{N-1}$，于是得出：

$$L = 2L-L = (2+4+8+16+\cdots+2^{N-1}+2^N) - (1+2+4+8+\cdots+2^{N-1}) = 2^N-1$$

第 1 个括号里的东西除了 2^N 以外，也都出现在第 2 个括号里面，因此经过减法运算后，这些元素全部被抵消掉了！（第 1 章中，在计算棋盘上堆放的米粒的数量时，我们也接触过此种算法。）于是，在 N 轮之后，你赢得 2^N 个筹码，同时，输掉了 2^N-1 个筹码。所以，总的获利为 1 个筹码。

1 个筹码虽然不多，但至少这个策略能保证你是稳赢的——毕竟，总是会轮到红色中的……不是吗？既然如此，赌客们为何不大肆采用这一策略呢？其中一个难点在于你必须拥有无限的筹码供应，才能确保最终的中奖，因为，理论上是存在一整晚全中黑色的概率的。另外，即使你拥有大量筹码，不停加倍赌注很快就会耗尽你手中的资源（就像棋盘上的大米一样）。除此之外，大部分赌场都会设定一个赌注上限，目的就是限制玩家应用这一策略。比如，如果赌注上限为 1000 个筹码，经过 9 轮之后，你就无法再用这个策略了，因为 $2^{10}=1024$，已经超出了上限。

即使在赌注上限的限制下，赌客们也还有一种谬见，就是认为如果真的出现连续 8 轮黑色，那么下一轮中红色的可能性就非常大了。当然，8 轮连着红色的几率的确是非常小的，实际上只有 1/256。但这并不会增加下一轮中红色的概率，其几率依然是彻底的五五分。和硬币一样，轮盘赌也没有记忆。

如果你想去玩轮盘赌，首先要牢记数学概率法则，长期来看，赌场总是获利的一方，尽管在第 5 章中我们将会看到，还存在一种利用其他数学方法的方式能够帮你获得荣华富贵。而如果你对扑克或轮盘赌不感冒，或许可以去尝试一下双骰子游戏。接下来我们看到，人类玩骰子的历史十分悠久。

3.6　最早的骰子有几个面？

我们玩的许多游戏都是建立在偶然之上的。大富翁、双陆棋、蛇梯棋等许多游戏都要通过滚动骰子来决定玩家移动的步数。最早的骰子使用者是古巴比伦人和古埃及人，他们用关节骨（绵羊之类动物的"踝"骨）当做骰子。

这些骨头会自然地用其 4 个表面中的一个平稳着地，但古代的游戏玩家很快便意识到，由于骨头表面不均匀，有些面总会比另一些面更容易着地。因此，他们开始手工打磨这些骨头，使游戏玩起来更加公平。一旦开始打磨这些骨头，他们就开始探索不同的三维形状，以使每个面都具有相同的着地可能性。

由于最早的骰子是从关节骨进化而来的，所以它最早所采用的对称形状为四面体（有 4 个三角形表面）也就不足为怪了。而我们所了解的最早的一个棋盘游戏使用的骰子也是这样的金字塔形状。

1920 年，英国考古学家莱纳德·伍利爵士在挖掘古苏美尔城乌尔（在今天的伊拉克南部）的墓穴时，出土了几种棋盘游戏及四面体骰子，这些游戏被称为乌尔皇家游戏。墓穴的时代可追溯至公元前 2600 年，这些陪葬的棋盘是为丰富被葬者死后的娱乐生活。其中保存最好的版本如今陈列在伦敦的大英博物馆，棋盘中有 20 个方格，两方对垒时，要依靠骰子的投掷来决定行进方式。

该游戏的游戏规则直到 20 世纪 80 年代初期才浮出水面，欧文·芬克尔在大英博物馆偶然从馆藏档案中的一份楔形文字板的背面发现了一幅关于该游戏的雕刻图画。这个游戏其实就是双陆棋的先驱版本，每位玩家掌控一定数量的棋子。不过，从数学观点来看，最有趣的部分是该游戏所附带的骰子。

由 4 个三角形构成的四面体骰子存在一个问题，它和我们所熟悉的立方体骰子不同，四面体骰子着地之后是尖端朝上，而非面朝上。

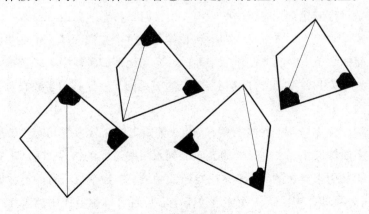

图 3-4　乌尔皇家游戏中的四面体骰子

　　为说明这一点，骰子 4 个角中的 2 个被涂成白色。玩家会掷出好几个骰子，然后数出白角朝上的数量并将其作为分数。从数学角度来看，掷这样的骰子和掷硬币再数正面的效果是一样的。

　　乌尔皇家游戏十分依赖于投掷骰子所得出的随机结果。而传承其衣钵的游戏双陆棋则不同，后者为玩家提供了运用更多技巧和策略的机会，而非完全依靠骰子给予的运气。但是，乌尔皇家游戏并未完全消失在人们的视野中，近期人们发现，在距离古苏美尔人发明该游戏 5000 年后的今天，生活于南印度柯钦地区的犹太人依然在玩着这种游戏的一个版本。

3.7　龙与地下城游戏是否囊括了一切骰子？

　　龙与地下城是 20 世纪 70 年代开始兴起的一款奇幻式角色扮演游戏，该游戏的一个奇妙之处是它提供了骰子组合。不过，游戏的发明者是否穷尽了所有可能的骰子呢？要了解什么形状才能制作出好的骰子，这就涉及我们在第 2 章中提出的问题。如果要求骰子的每个表面都一模一样，并均呈对称形状，同时，这些表面在衔接时，各个边角的构造都一模一样，这样的骰子共有 5 种，即 5 种柏拉图立体：正四面体、正立方体、正八面体、正十二面体及正二十面体。龙与地下城游戏中（以及本书网站上的相关 PDF 文件中）囊括了所有这五种骰子，但其中多数有着更加久远的历史。

　　例如，克里斯蒂拍卖行曾在 2003 年拍出过 1 枚古罗马时代玻璃制的二十面体骰子。这枚骰子的表面雕刻着一些奇怪的符号，暗示出它原本可能是用来算命的，而不是用在游戏中的。在当今最流行的算命游戏"魔法 8 号球"中，二十面体便位于中心位置。球内液体中浮着 1 个二十面体，其表面印有各种答案。游戏的玩法是：玩家提出 1 个问题，然后晃动魔法 8 号球。里面的二十面体便会漂浮至顶端，露出一个表面以给出相应的答案，其中包括"毫无疑问"、"不要期待"等各式答案。

如果你只想要 1 个公平的骰子，便无需对骰子表面的安排如此苛刻。例如，龙与地下城游戏中有一个用 2 个五边形底的金字塔拼贴出的骰子。这枚骰子每个三角形表面着地的概率均为 10%。但它并非柏拉图立体（正多面体），因为每个金字塔的顶点不同于其他表面的顶点：前者由 5 个三角形组合而成，后者则由 4 个三角形相连而成。但这一点并不影响这枚骰子的公平性，因为其中每个表面着地的几率都是相同的。

数学家也对其他公平的骰子形状进行了研究。但直到最近，他们才证实出，在 5 种柏拉图立体——即 5 种终极性公平骰子的基础之上，还可以加入其他 20 种公平骰子（这些骰子仍然具有一定的对称性）。

而在这些新增的 20 种形状中，有 13 种是与足球形状相关的，即与第 2 章所提到的阿基米德立体（半正多面体）相关。阿基米德立体的表面都是对称的，但是，形状都不尽相同。尽管这些形状作为足球的形状很合适，但并不是很适合用来制作骰子。举例来说，经典足球有 32 个面，包括 12 个正五边形和 20 个正六边形。如果在这 32 个面上依次写下从 1 到 32 这些数字的话，我们就可以得到一枚公平的骰子吗？其中，每个五边形表面脱颖而出的几率为 1.98%，而六边形表面的几率则为 3.81%，因此这显然并不是公平的骰子。直到过去几年，数学家才研究出一个可以确定出足球骰子中五边形表面准确出现几率的公式。他们通过一些精彩的几何运算，最终得出以下这个令人望而却步的结果：

$$12 \times \frac{-3 + 30r\left[\,1 - (2/\pi)\sin^{-1}(1/2r\sqrt{3})\,\right]}{-116 + 360r}$$

其中 $r = [2 + \sin^2(\pi/5)]^{-1/2}/2$

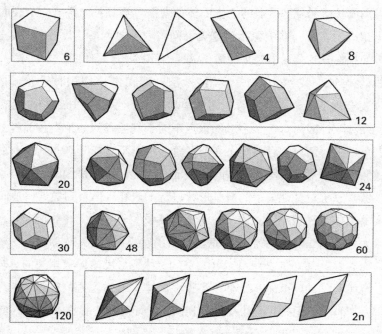

图 3-5　能够制造出公平骰子的对称形状

　　阿基米德立体本身并不是公平骰子的形状，但它们可用来构建出不同的形状，从而演变出一系列新的骰子，供玩家使用。关键的一点便是要意识到，尽管阿基米德立体中的每个表面都不相同，但每个顶点都如出一辙。因此，借助于一种名叫二象性的思路，我们可以把这些立体中的顶点变成表面，也可把表面变成顶点。经过这样的转换，我们会得到什么样的表面呢？请想象在每个顶点平放一张纸板，然后想象这些纸板彼此交叉或切入的情形。每张纸板都要调整到跟立体中心与顶点连线呈垂直的角度。例如，如果你用十二面体的表面替换其顶点，那么你就会得到一个二十面体（见图 3-6）。

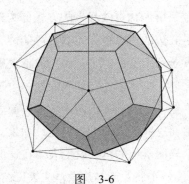

图　3-6

通过把这一思路运用在阿基米德立体上，我们可以得出 13 种新骰子。经典足球中共有 60 个顶点，而由此转化得出的骰子将有 60 个三角形表面，这些三角形不是等边三角形，而是等腰三角形（3 条边中，只有 2 条边的长度相等）。尽管这一经典足球变体并非柏拉图立体，但是，这枚骰子的每个表面出现的几率都是相同的，即 1/60，所以，它就是一枚十分公平的骰子，可供游戏玩家使用。它的学名是五角化十二面体（见图 3-7）。

图　3-7

每一个阿基米德立体都能按照上述思路变换为一枚公平的骰子。其中最让人惊叹的则是六角化二十面体。尽管该立体包含 120 个不对称的直角三角形表面，但它却不可思议地构成了一枚公平骰子的形状。

而通过将两个金字塔形状拼接起来的方式可构建出无数种可能的骰子形状，因为金字塔底边的边数存在无数种可能性。尽管数学家们理出了对称形状的公平骰子的范围，但是，由更多不规则形状构成的公平骰子依旧是一个未解之谜。举例来说，如果我把一个正八面体的两个相对应的顶角分别切掉一点，便能创造出两个新的表面。而当我抛出这个立体后，它不太可能落在这些新表面上。但是，如果我切下一大块，这两个新表面比其他八个表面落地的机会就更大。在这两个极端之间，势必存在某个交汇点，可使两个新表面与剩余八个表面落地的概率达到一致，如果这样的话，一枚由 10 个表面构成的骰子便诞生了。

它的形状并不像阿基米德足球变形得出的新骰子那样有美妙的对称感，但它同样可构造出公平的骰子。对于以类似方式构造出公平骰子，数学家尚未掌握全部答案，我们仍在努力寻找一种方式，以便有效地囊括所有类似的骰子形状，并最终构造出公平骰子。

3.8　数学如何帮助我们在大富翁游戏中取胜？

大富翁似乎是非常随机的游戏。玩家掷出两颗骰子，然后开着车加速前进，或者戴着礼帽到处溜达，在这里买栋房子，在那里建些酒店等。偶尔你也可能在选美比赛中得益于公益福利卡而拿下亚军，也有可能因酒后作案而被罚款 20 英镑。每次通过 GO 后，你就会拿到 200 英镑。究竟数学如何能帮你在这样的游戏中胜出呢？

在整个游戏的过程中，人们最常造访的是大富翁游戏中的哪个位置呢？是开始的 GO 方格，还是对角的免费停车位，还是（伦敦版本中的）牛津街或梅菲尔？其实答案是监狱方格。为什么呢？扔个骰子试试就知道了，你可能直接就走进监狱，或是被安排至对角线的那个方格，然后由一位警官命令你走进监狱。也可能更倒霉的是，你挑中一张机会卡或公益福利卡，这会直接把自己送进监狱里。如果觉得上述这么多进监狱的方法还不够多的话，别着急，当你掷出 1 个加倍，根据规则你要再掷 1 次，如果连续 3 次掷出的都是加倍的话，你不会因此得到什么奖赏，反而会受到惩罚——进监狱连蹲 3 轮。

　　结果发现，一个普通玩家造访监狱方格的时间总是比造访其他方格的时间多 3 倍左右。在这方面，我们所能做的非常有限，毕竟监狱是没法购买的。但是，现在正是数学能发挥作用的时候：玩家入狱之后最有可能抵达的位置。答案则取决于玩家离开监狱时掷出的骰子结果。

　　由于每个骰子的每个面被掷出的几率都是一样的，而两个骰子加起来则有 6×6=36 种可能性，且每种结果的几率完全一样。但如果对这些结果进行一番分析，我们就会发现，两颗骰子相加得出 2 或 12 的概率是非常小的，因为这两种情况各自只对应一种骰子组合。相比之下，则有 6 种组合会掷出相加为 7 的结果（见图 3-8）。

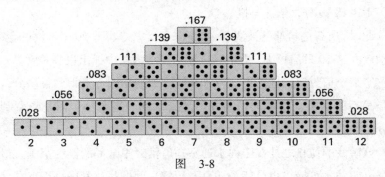

图　3-8

　　因此，掷出 7 的几率为 1/6，而掷出 6 和 8 的几率则是第二高的。在监狱的位置掷出 7 会把你带到公益福利卡的方格上，这里无法购买，但两边可购买的橙色地产（伦敦版中为箭街和马尔堡街）则是接下来最容易走到的地方。

　　如果足够幸运成功抵达橙色区域后，你便可以买下这些地方，在上面建造酒店，然后坐享其成，坐收租金即可，因为当骰子把对手带出监狱后直奔你在的这片区域时，他就要乖乖地向你交租金。

3.9 "数字之谜"有奖竞猜

这是一个双人游戏。首先，拿来 20 只信封，依次编号为 1 到 20。然后，玩家一在 20 张纸上各写下一个金额，依次放进这 20 只信封中。玩家二从中抽取 1 只信封，信封中写下的金额便是他得到的奖赏，他可以选择接受这份奖赏，或继续打开第 2 只信封。一旦他选择后者，便不可反悔再去要第 1 只信封中的金额。

玩家二继续打开余下的信封，直到他最终满意信封内的奖赏为止。此时，玩家一便可揭开所有信封中的金额。如果玩家二选中了其中的最高金额，那么在这一轮游戏中便可得到 20 分。如果他选中了第二高的金额，则得到 19 分，依此类推。

此时，所有信封都已被清空，接下来由玩家二写下 20 个不同的金额，分别放入这 20 只信封中。此时，玩家一需尽力从中抓出最高奖赏。一旦她选定某个信封后，她的得分方式和玩家二的相同。谁得到最高分，谁就是最后的赢家。这里的最高并不是指拿到最高金额，而是指拿到最高分。

该游戏的诡秘之处在于你永远不知道信封中金额的额度范围，最高奖赏可能是 1 英镑，也可能是 100 万英镑。问题是，其中是否存在什么数学策略，能帮助你提高获胜的几率呢？这种策略的确存在。它涉及一个依赖于 e 的秘密公式，这里的 e 不是什么迷幻剂，而是一个数学符号——e=2.71828…。该数字在数学界的知名度可能仅次于神秘的 π 了。它总是出现在增长概念很重要的地方。比如，它和银行账户中利率的累积方式紧密相关。

试想，假如现在你手中有 1 英镑，正在挑选几家银行，看这些银行都提供哪些利率。第一家会在 1 年后返还百分百的利息，即 1 年后 1 英镑会变成 2 英镑。条件确实不错。但是，第二家银行每半年提供 50% 的利息。这就意味着 6 个月后，你会得到 1.5 英镑，而 1 年后就会得到 1.5+0.75=2.25 英镑，比第一家的条件更好。第三家银行则每 4 个月就提供 33.3% 的利息，计算下来，1 年后你将拿到 1.333^3=2.37 英镑。依此类推，随着把 1 年分成越来越短的时间段，你拿到的复利利息也就会越高。

至此，你头脑中的数学家应该已经意识到了，你真正需要的银行是一家无穷数银行，在这家银行里，年份被分割成无穷小的时间单位，这样你便能在年末获得最大化的利息额度。然而，虽然你将拿到的金钱额度不断增加，但这种增加的幅度并非没有极限，它会无限接近于一个神奇数字 e=2.71828⋯。和 π 一样，e 也是一个包含无穷小数位的数字，这些小数位后面永远没有重复的模式。这一数字便是赢得"数字之谜"有奖竞猜的关键所在。

对该游戏进行数学分析意味着你需要先计算出 1/e 的数值，即 0.37 左右。接下来，首先打开 37% 的信封，即大约 7 个信封。然后继续打开其他信封，若你遇到到此为止最大的金额时，便应适时停止。根据数学分析，依照上述步骤操作，你就会有 1/3 的机会拿到最高金额。这个策略不仅仅在玩本游戏中有用，事实上，我们在生活中做出的许多决定都要借助于这个策略。

还记得你第一个男朋友或女朋友吗？之前你可能觉得他们非同寻常，还浪漫地设想过与其相伴一生的情景，但后来，你开始变得吹毛求疵，觉得自己应该找得到更好的伴侣。但问题是，如果你抛弃眼前这位伴侣，通常没有回头路可走，那么，你应该在什么时候减少自己的损失并选择和身边的伴侣定下终身呢？找房子则是另一个经典案例。我们常常遇到这样的情形，第一次看房时觉得找到了一间很不错的公寓，之后又改变主意，想要多看几间再做决定，最终却失去了租到第一间公寓的机会。

有趣的是，帮助你赢得"数字之谜"有奖竞猜的数学策略，也同样能让你有机会选中最佳伴侣或最佳公寓。假定你 16 岁开始恋爱，并在50 岁时定下终身，同时假设你更换伴侣的频率是固定的。那么根据数学分析，你需要首先考察完前 37% 的伴侣，即考察完你在 28 岁之前所结交的伴侣。然后当你遇到比之前所有伴侣都更理想的人时，便可委以终身了。通过这个策略，每三人中会有一位最终选到他们的最佳伴侣。切忌，万万不要把你的这个方法透露给你的潜在终身伴侣!

3.10 如何在巧克力–辣椒轮盘赌中取胜?

对于大富翁或"数字之谜"有奖竞猜之类的游戏，即使玩家精于数学，游戏输赢仍然大多仰赖运气的好坏。以下则是数学能起到决定作用的一个双人游戏。拿来 13 条巧克力和 1 根红辣椒，再把它们堆放在桌子上。两位玩家轮流拿走 1 根、2 根或 3 根。游戏目标是迫使对方拿到辣椒。

图 3-9 巧克力–辣椒轮盘赌

只要你能取得先手，然后依据策略行事，便可确保稳赢不输。不论对手一次拿几条巧克力，你只要在每一轮将抽走的巧克力数量凑成 4 即可。比如，对手如果抽走 3 条巧克力，你就要抽走 1 条，使两个数字相加得 4。如果对方拿走 2 条，那么你抽 2 条即可。

技巧就是以 4 个一组的方式来抽取巧克力条（谨记这一点，否则即会输掉游戏）。最初共有 13 条巧克力，即 3 组 4 条再加额外 1 条（当然，还有 1 根辣椒），所以，第一步就要先把那额外的 1 条拿走。之后，便可根据以上策略一步步来了：用 4 减去对手拿走的条数，就是你下一步要拿的条数。如此，每轮下来，就减少一组 4 条。3 轮过后，桌上便只剩 1 根辣椒等着对方了。

图 3-10　如何重新安排巧克力分组来确保游戏的胜利

的确，这一策略需要你取得先手。如果对手先出招，只要他一步出错，便会将胜利拱手让出。比如说，如果他在第一步拿走 2 条巧克力，便意味着他已经开始吞噬第 1 个四条分组，既然如此，你便可以依照先前的策略，拿走该分组中剩下的条数即可。

通过设定不同的巧克力总数，或改变每次最多可拿的巧克力数的规则，均可为游戏带来一定的变化。不过，只要采取同样的将巧克力分组的方法, 你就能够打造出一种必胜策略。

该游戏还有另外一种形式, 称之为 Nim。Nim 游戏需要更加复杂的数学分析才能保证你赢。这一次共分为 4 组: 第一组有 5 条巧克力, 第二组有 4 条, 第三组有 3 条, 第四组只有 1 根辣椒。根据这一次的规则, 你可以拿走任意数量的巧克力, 但只能从其中一组中抽取。比如, 你可以将第一组中的 5 条巧克力全部抽走, 或只抽走第三组中的 1 条巧克力。决定胜负的规则还是一样——谁被迫面对最后剩下的辣椒, 谁就输了。

要赢得此游戏, 我们要知道如何以二进制而非十进制来书写数字。人类之所以以 10 为单位来计数是因为我们每个人都有 10 根手指。只要数到 9, 便增添一位, 以 10 表示一个十位数和 0 个个位数。但计算机则是以二进制来计数的。每一位上的数字代表一个 2 的幂数, 而非 10 的幂数。举例来说, 101 代表一个 2^2=4、0 个 2 以及 1 个 1。于是, 二进制中的 101 即 4+1=5。下表列出了前面几个数字的二进制表示法。

表3-2 二进制数字

十进制	二进制
0	0
1	1
2	10
3	11
4	100
5	101
6	110
7	111
8	1000

要在 Nim 游戏中取胜, 我们需要把每组巧克力的数量以二进制表示出来。第一组包含 101 条, 第二组包含 100 条, 第三组 11 条。在此, 把以上最后一个数字写为 011, 然后将这 3 个数字上下罗列起来, 如下所示:

1 0 1

1 0 0

0 1 1

注意，其中第一列有偶数个 1，第二列有奇数个 1，第三列有偶数个 1。要赢得此游戏，当我们每次从一组中抽取巧克力时，都要使以上数列中每一列所包含的 1 的数量仍是偶数。比如，从第三组中抽走两条巧克力便可使该组剩余的数量变为 001。

为什么这能帮你赢？在每一轮抽取巧克力的过程中，对手最终总会使至少一列上 1 的数量变为奇数。紧跟着，你要做的就是让所有列上 1 的数量重新全部变为偶数。由于巧克力条的数量一直下降，在某个时刻，只能有一位玩家拿走仅剩的巧克力条，使得以上三个数字的排列变为 000 000 000。而谁将会面对这一时刻呢？因为对手抽完后总会使这些数列中至少一列上包含奇数个 1，所以最终把所有数字消零的机会便非你莫属了。如此，对手最终只能被迫面对仅剩的那根辣椒。

不论你为每一组分配多少条巧克力，这一策略都可以应用无虞。你甚至还可以增加分组的数量。

3.11 为何幻方是助人分娩、防范洪水及赢得游戏的关键？

在应对数学问题时，横向思考是一种手到擒来的思考方式。换一种看问题的角度，手中的难题或许就迎刃而解，关键是要找到正确的角度。为说明这一点，我们来举一个游戏的例子，这个游戏初看上去十分诡异，但只要换个不一样的角度，整个情势便豁然开朗。如果你要玩这个游戏，请登录本书配套网站进行下载，并裁剪出游戏所需的小道具。

　　每位玩家手持一个空蛋糕架，其中可装入 15 块蛋糕。游戏的玩法就是在蛋糕架中装入不多不少的 3 组蛋糕，这些蛋糕来自 9 个分组，每一组包含的蛋糕数量依次为从 1 到 9。每位玩家轮流进行挑选。

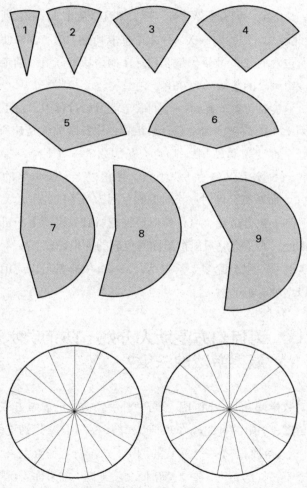

图 3-11　选择三组蛋糕，先于对手添满蛋糕架

　　游戏目的就是从 1 到 9 中选出 3 个相加得 15 的数字，并随时监督对方的步数，堵住对方的前路。比如，当对手选择 3 块和 8 块的两组蛋糕后，为阻止他组成数字 15，你需要提前拿下 4 块的那组。而如果你预先锁定的那组已被抽走了，那么就要运用手中已经拿到的和桌面上剩余的组别来重新设想一种构成 15 的方式。但你必须要严格遵守三组蛋糕的规矩，也就是说，用 9 块和 6 块这两个组别来添满蛋糕架是不能算数的，同样，用 1、2、4、8 这四组来添满也不合规矩。

　　一旦游戏开始，你就很快发现，要时时追踪你和对手所有可能的路数将变得十分困难。但一旦你意识到该游戏事实上是另一种经典游戏井字游戏的变体，它一下子就变得非常简单了。两种游戏的区别仅在于我们在经典的 3×3 方格中所放入的并非 0 和 X，而是数字，而这里所要做的便是先于对手取得方格中成排的数字。实际上，该游戏正是遵循着以下这个神奇的幻方。

表　3-3

2	9	4
7	5	3
6	1	8

　　最基本的幻方就是把 1 到 9 这几个数字放进 3×3 的方格中，使方格中每一行、每一列，以及对角线上的两串数字之和均等于 15。这样一来，我们便找到了从 1 到 9 中选出 3 个数字而相加得 15 的所有可能了。通过将蛋糕游戏套进井字游戏的幻方中，我们就看出，只要谁先取得成排成列的 3 个数字，谁就赢得了游戏。

　　据传，世上最早的幻方（亦称魔方或纵横图）出现在公元前 2000 年的中国，这种被称为九宫图（亦称洛书）的形状被刻在龟壳上。当时，洛河泛滥成灾，禹皇帝举行了一系列献祭仪式以安抚河神。作为答复，河神送回这只乌龟，其背上的数字形状便是辅助帝王控制水患的法宝。自从这一数字序列被发现以后，中国的数学家们便试图构建类似的更大型的幻方。据悉，这些幻方中含有伟大而神奇的力量，因此广泛用于占卜。中国数学家在这一方面所取得的最了不起的成就则是创建出了一个 9 × 9 格的幻方。

有证据显示，幻方由中国商人带到印度，这些商人不仅销售香料，同时也精于数学思想。而幻方中数字的循环交错则与印度教对重生的信仰高度契合。因此，这些方格在印度被应用到生活的方方面面，从香水配方，到助人分娩等等。此外，幻方在中世纪的伊斯兰文化中也广为流行。而伊斯兰文化中更加系统化的数学思想则带来更多地创建幻方的聪明方法。13 世纪时，他们便发明了了不起的 15 × 15 格的幻方。

16	3	2	13
5	10	11	8
9	6	7	12
4	15	14	1

图 3-12　阿尔布雷特 · 丢勒的幻方

欧洲地区一个最早的幻方是 4 × 4 格的幻方，它出现在阿尔布雷特 · 丢勒的铜版画《忧郁症》中。他把 1 到 16 这些数字分别放置在 16 个方格中，使其中的每一排、每一列，以及对角线上的数字之和均等于

34。此外，每个象限（即横竖切开后所分成的四个 2×2 的网格）以及中心处的 2×2 的网格中的数字之和也都等于 34。丢勒甚至把他创作该铜版画的年份 1514 也设置在了幻方最下面一排的中间位置。

过去，不同尺寸大小的幻方常被人们认为其与太阳系中的行星有关系。经典的 3×3 格幻方关联着土星，而《忧郁症》中的 4×4 幻方则关联着木星，最大的 9×9 的幻方则被分派给了月球。有这么一种说法，丢勒之所以在铜版画中使用这个 4×4 幻方，是因为对丘比特（即木星）所隐含的欢快氛围有一种期待，指望这种欢愉能够中和画面中所弥漫的阴郁氛围。

另外一个著名幻方则出现在光怪陆离的神圣家族宗座圣殿的入口处，这座由安东尼·高迪设计的位于巴塞罗那的大教堂至今尚未完工。在这里的 4×4 幻方中，神奇数字是 33，这是耶稣受难时的年纪。但这个幻方并没有丢勒的幻方那么完美，因为，数字 14 和数字 10 各出现了两次，而数字 4 和 16 则消失不见。

幻方是一个数学奇境，但是，其中有一个问题，数学家们至今未能揭晓。本质上来说，3×3 格的幻方只有一个。（之所以说"本质上"，是因为如果仅仅靠旋转或左右颠倒一个幻方，并不能算是一个新的幻方。）1693 年，法国人伯纳德·弗兰尼克·德·班西列出了共 880 种 4×4 的幻方；而在 1973 年，理查德·舒罗贝尔利用电脑程序计算出一共存在 275 305 224 种 5×5 的幻方。而对于 6×6 格或更大的幻方目前只有一些估算数据。数学家尚未找到一个能计算出这些准确数据的公式方法。

3.12   谁发明了数独?

数独精神或许可以在数学家根据幻方所引申出的一个谜题中找到踪迹。将一副标准纸牌中的人头牌（K、Q、J）和 A 牌抽走，然后把纸牌放进一个 4×4 的网格中，使得网格中每一排和每一列中都不存在同等花色和大小的纸牌。这一问题最早于 1694 年由法国数学家雅克·奥扎拉姆提出，或许他可以被视为数独的发明者吧。

其中有一位对幻方十分着迷的数学家，他是莱昂哈德·欧拉。在欧拉去世前几年的 1779 年，他为以上问题提供了一个不同的版本：假设有 6 个兵团，每个兵团有 6 名军人。不同兵团的军人均身着不同颜色的制服，分别为红色、蓝色、黄色、绿色、橙色及紫色。每个兵团中的军人分别位居不同军衔，包括上校、少校、上尉、中尉、下士及二等兵各一位。该问题就是把所有军人分别放在一个 6×6 的网格中，使每一行每一列的军人都分属不同兵团和不同军衔。欧拉之所以把这个问题放在 6×6 的网格中，是因为他认为 6×6 的网格不能完美安排这 36 名军人。直到 1901 年，这一观点才被法国的一位业余数学家加斯顿·泰利证实。

此外，欧拉还认为，10×10、14×14、18×18 或在此基础上每次递增 4 的网格形式都不可能实现上述完美的排列。但是，事实证明，并非如此。1960 年，在计算机的协助下，3 位数学家证实，在 10×10 的网格中进行欧拉所设想的安排是可能的。他们进而推翻了欧拉稍后提出的一系列设想。最终的结论显示，6×6 网格是唯一一种无法实现以上安排的幻方。

如果你想在 5×5 的幻方中尝试欧拉谜题，请在本书配套网站下载相应的文件，裁切出 5 个兵团中的 5 种军衔，看看自己是否能做到以上的完美安排，使其中的每一行每一列都没有相同兵团和相同军衔的士兵。这些幻方有时会被称为希腊拉丁幻方。从希腊和拉丁字母表中分别抽出前 n 个字母，写下所有 $n \times n$ 种不同的两两组合方式。然后把这些组合放在一个 $n \times n$ 的幻方中，使其每一行每一列中都不包含相同的希腊字母和拉丁字母。

活在幻方之中

法国小说家乔治·佩雷克在 1978 年出版的小说《生活：使用手册》中用到了一个 10×10 的希腊拉丁幻方，将其融入到这部小说的架构之中。这本书共有 99 个章节，每章对应一座巴黎公寓中的一个房间。这栋公寓共有 10 层，每层有 10 个房间（其中的第 66 间房并没有被造访）。每个房间都对应着 10×10 格希腊拉丁幻方上的一个位置。但是，在佩雷克的幻方中，他并未使用 10 个希腊字母和 10 个拉丁字母，而是使用了 20 个作家的名字，将其分成 2 组，一组 10 个，然后进行两两搭配。

当他针对某个房间撰写特定章节时，他会特别注意是哪两位作者被分派给了这个房间。这样，在写这些章节内容的时候，他会特别在文章中引用这两位作家的文字。比如，根据自己的希腊拉丁幻方，佩雷克在第 50 章中就安排了古斯塔夫·福楼拜和伊塔罗·卡尔维诺这两位作家。不过，这本书的幻方也并非只涉及作家。佩雷克一共采用了 21 种不同的希腊拉丁幻方，涉及的内容从家具、艺术风格、历史时期，到房间住户的姿势等等，不一而足。

数独的操作方式和欧拉的士兵谜题之间存在一点细微的差别。在经典玩法中，你需要将 9 套从 1 到 9 的数字排列进一个 9×9 的网格中，以使每一行每一列，或每个 3×3 格的象限中都不包含重复数字。其中，方格里已经填好了少数数字，玩家所要做的就是将剩余方格填满。如果有人称这个游戏与数学无关，千万不要相信他们。他们的意思可能是这里面不涉及运算，的确如此，数独本质上来说是一个逻辑游戏。而促使你决定把数字 3 放在右下角的逻辑理由毫无疑问与数学相关。

有一些有趣的数学问题和数独问题有关，其中一个是这样的：在 9×9 的网格中，到底能有多少种满足数独规则的不同排列方式？（在此，我们所说的不同仍然是"本质上"的不同：如果某些排列方式只是简单的对称，或行列的轮换，便被视为是同一种。）该问题的答案在 2006 年由艾德·拉塞尔和弗拉泽·贾维斯算出——共有 5 472 730 538 种不同的方式。看来，这个游戏足够各家报纸刊载一段时日的了。

这些游戏引出的另一个数学问题尚未得到完全解答，要使一个数独游戏只有唯一一种排列答案的话，最少要事先填入多少个数字？如果事先填好数字的方格过少，比如只有 3 个，那么，自然有很多种不同的排列方式能够完成整个游戏，因为原题并未给出足够多的信息来构建出一个独一无二的解决方案。据信，我们需要至少填入 17 个数字，才能确保一个数独游戏只有一种排列结果。上述我们提到的这些问题绝非仅限消遣娱乐，数独背后的数学理论对于我们将在下一章遇到的纠错电码问题也具有重要的指导意义。

3.13 数学如何帮忙打破吉尼斯纪录？

留名吉尼斯纪录大全有很多种疯狂手段。比如，一位意大利会计米歇尔·桑蒂利亚通过由后向前敲出 64 本书中的字母而创造了一项纪录（按照书籍的原始语言，共计 3 361 851 个单词，19 549 382 个字母）。这些书籍包括《奥德赛》、《麦克白》、拉丁文圣经，以及 2002 年版的《世界吉尼斯纪录大全》。英国德比郡格罗索普的肯·爱德华则保持着 1 分钟吃掉最多蟑螂（36 只）的世界纪录，而美国人阿什利塔·弗曼由于在 12 小时 27 分钟内踩着弹簧高跷跳了 37.18 公里的距离而跻身吉尼斯纪录。同时，弗曼还拥有保持最多项纪录的纪录！不过，数学能否帮助我们在吉尼斯的名人堂内斩获一席之地呢？

有一项吉尼斯纪录是看谁能够在最短时间内参观完伦敦地铁的所有车站，人们称之为地铁大挑战，吉尼斯纪录大全自 1961 年开始追踪这项纪录。当前的纪录是 2009 年 12 月 14 日由马丁·哈泽尔、史蒂文·威尔森及安迪·詹姆斯创下的，耗时 6 小时 44 分 16 秒。有人可能觉得这是一场十分辛苦的征程，但如果你想打破他们的记录，那么，对地铁线路图进行一番数学分析或许能帮你设计出一条最短的路程，它能保证你至少每个车站都经过一次。

地铁大挑战也并非横空出世，它实际上只是 18 世纪普鲁士哥尼斯堡人玩的一个游戏的复杂升级版。普雷格尔河的两条支流在向西流向波罗的海前会在哥尼斯堡城中心的小岛周围蜿蜒流过。18 世纪时，普雷格尔河上共架有 7 座桥，当地人试图寻找一条路线，在一次行程中要通过所有桥，并且每座桥都只经过一次。这项活动逐渐演变为当地居民在周日午后的一项消遣。和地铁大挑战不同的是，该活动与速度无关，而是看谁能实现这样的一段行程。但是，不管人们如何努力尝试，却总是发现自己无法抵达其中的一座桥。难道这真是不可能完成的任务吗，还是确实存在某种可能的路径，只是他们还没发现呢？

这一问题最终由前文提到的瑞士数学家莱昂哈德·欧拉（他曾提出希腊拉丁幻方的问题）给出了答案，当时他正在哥尼斯堡东北 500 英里外的圣彼得堡的学院中执教。欧拉在一个十分重要的观念上实现了飞跃。他意识到，这个城市的实际尺寸在这个问题中是无关紧要的，重要的是桥梁之间是如何连接起来的（这个相同的原则也适用于伦敦地铁系统的拓扑地图）。被河流分割并由桥梁相连的四个区域均可浓缩为一个点，而那些桥梁则可以简化为连接这些点的线。由此得出的哥尼斯堡桥梁地图看上去就像一个更加简化的伦敦地铁线路图（图 3-13）。

于是，能否在一次行程中走遍所有桥梁的问题，此刻就缩减成了能否用一支笔划过地图上的所有线条，同时避免在任何一条线上重复两次。欧拉发现，从这种新的数学角度来看，跨过所有 7 座桥梁，同时每座桥梁只经过一次，这一点的确是无法实现的。

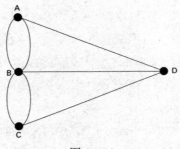

图　3-13

原因何在呢？就像我们在地图上划线时一样，在途中经过每一个点时都必须有一条进入的线和一条离开的线。而如果再次造访同一个点，则需要通过一座新"桥梁"进入它，然后通过一座新"桥梁"离开它。因此，与每个点相连的线条数量必须是偶数才行，除行程的起始点和终结点以外。

我们再来看哥尼斯堡七座桥梁的地图，结果发现，其中的 4 个点都连接着奇数座桥梁，这也就意味着，我们不能找到一条路线能够连接所有的桥梁，且只经过每座桥梁一次。欧拉还做了进一步的分析。如果地图上刚好有两个点连接的直线数量为奇数的话，那么，要找到上述那样的路线则是可能的。要做到这一点，我们只要从其中一个连接奇数线条的点上出发，在另外一个连接奇数线条的点上结束即可。

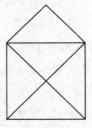

图 3-14　根据欧拉定理，我们可以用笔划过上述地图中的每一根线条，
　　　　　而且不会重复地划过任何一根线条

还有第二种类型的地图，也能够画出数学家们如今所称的欧拉路径：

即每个点连接的线条数量均为偶数的地图。在这类地图上，你可以从任何一个点上开始，因为整个路径必须在同一个点上开始和结束，由此构成一个闭合的回路。尽管确认这样的一条路径或许困难重重，但根据欧拉定理，只要地图是上述描述的任何一种类型，便一定存在一条欧拉路径。这就是数学的强大力量所在：往往在我们并非必须构建它的时候，便可确保它的必然存在。

要证实这一路径的存在，我们可以从数学军火库中取出一件经典兵器——归纳法。这就像患有恐高症的我试图爬上一段高高的梯子或沿着绳索在瀑布中垂降时所做的那样：一次只迈一小步。

请先想象一下，在某个地图上，你知道如何用笔划过一定数量的边，同时笔又不离开地图。但是，现在，你面对的地图比原来的多一边。此时，你是否依然能在新地图上画出欧拉路径呢？

假设，这个地图中有两个点 A 和 B 所连接的边数是奇数。这里的技巧就是先从其中一个连接奇数条边的点上去掉一条边。比如，我们把连接 B 与另一个点 C 之间的线条去掉。此时，在这个新地图上，仍然有两个点连接的线条数量为奇数，即 A 和 C。（B 点所连接的线条数已经变为偶数，因为我们刚刚从中移除了一条；而 C 连接的线条数变成了奇数，因为我们移除掉了连接 C 点与 B 点的那条线。）此时，这个新地图已变得足够小，只需从 A 点开始画起，至 C 点结束即可。经过这样的分析后，原先稍微复杂一点的地图也就迎刃而解了：只要把 C 点连接至 B 点即可，即把我们刚刚删掉的那根线补上便大功告成了！

我们需要分析其中的一些特殊情况。比如，如果连接 B 点和 A 点之间的线条只有一根，而 A 和 C 是同一点呢？不过我们可以看出，欧拉论证的核心便是这个美妙思路：一步一步摸着石头过河，以证明出为何欧拉路径是必然存在的。就像一步一步爬向梯子的高处，不管遇到多么大的一张地图，借助于这类技巧，我们总是可以慢慢地探索出一条道路。

为检验欧拉定理的强大之处，不妨请一位朋友画一幅尽可能复杂的地图。然后，先简单地数出所有连接奇数条边的点的数量，再根据欧拉定理，你就可以立即判断出该地图中是否存在这么一条欧拉路径。

最近，我前往哥尼斯堡朝圣，该市已在二战后被重新命名为加里宁格勒。经过盟军毁灭性的轰炸，这座城市的整个面貌已经完全不同于欧拉的那个时代了。不过，战前的所有桥梁中，还是有三座保留了下来，它们分别是木桥（Holzbrücke），甜蜜桥（Honigbrücke），以及高桥（Hühe brücke）。另外两座完全消失的桥梁是库特尔桥（Küttelbrücke）和铁匠桥（Schmiedebrücke）。剩下的两座桥绿桥（Grüne Brücke）和店主桥（Kramerbrücke）尽管也在战争中遭到损毁，但重建以后，已经成为这个城市中重要的双向通道。

此外，一座新的铁路桥（行人亦可使用）跨越普雷格尔河两岸，延伸至这个城市的西部，而一座新建的名叫凯撒桥的人行天桥则和旧高桥连接着相同的两个区域。作为一名数学家，我的立即反应就是能否追随18世纪的游戏精神，对今天的这些桥梁，展开一次贯穿之旅呢？

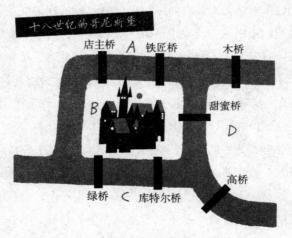

图 3-15　18 世纪哥尼斯堡桥梁图示

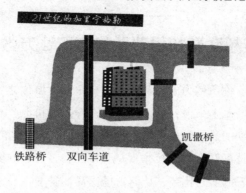

图 3-16 21 世纪的加里宁格勒桥梁图示

　　根据欧拉的数学分析,只要刚好有 2 个区域所连接的桥梁数为奇数,那么便存在一条欧拉路径:我们只需从其中的一个区域开始,到另一个区域结束即可。通过察看今天的加里宁格勒的桥梁平面图,我发现像这样的一段行程事实上是可能存在的。

　　哥尼斯堡桥梁问题的意义十分重大,它为数学家带来了一种全新的看待几何与空间的方式。这个新的视角不再关注距离和角度,而专注于形状之间是以何种方式连接起来的。这便是拓扑学的起始点。拓扑学是过去几百年间最具影响力的数学分支之一,我们在第 2 章中已经做过介绍。由哥尼斯堡桥梁问题所引出的数学理论如今正应用在像谷歌这样的现代互联网搜索引擎中。这些搜索引擎寻求更多的导览网络的方式。此外,这些理论也有助于探索出地铁大挑战中最短的路径,如果你果真想尝试一下这项活动的话,不妨试试应用这些数学思想。

3.14 英超联赛如何帮助你赢取百万数学奖金？

赛季过半，你所效力的球队沦落到榜单中下游位置，那么，你就想知道，从数学概率上来说，球队是否还有夺冠的可能。有趣的是，回答该问题所要用到的数学思想直接与本章中价值百万美元的难题相关。

要确定上述问题在数学概率上是否可能，首先，你要假定你的球队会一举赢下剩下的所有比赛，从而每场比赛都拿下 3 分。但是，当你开始在榜单上分配其他积分时，难题就来了。位列榜单前列的球队必须输掉足够多的比赛，以让位给你的球队。但你无法让你前面的所有球队都输球，因为这些球队彼此之间也要打比赛。这就意味着，你必须找到一种方式，根据余下的赛程表来恰当地分配积分，并期望寻找到一种胜负组合，能够让你的球队一举登上宝座。要确定是否存在这样的胜负组合，一定有更聪明的方法吧？

在此，我们要寻找的巧妙方法就是类似欧拉画地图的那种方法，以免于尝试所有可能的比分组合。但遗憾的是，我们现在还不知道这样的技巧是否真的存在。谁能第一个找到这类技巧，或第一个证实该问题的复杂性除了穷尽所有可能外无法得出结果，那么百万美元就归他了。

诡异的是，1981 年前，的确存在这么一种有效机制，能够帮助我们确定联赛过半时球队是否还有机会赢得冠军。因为在 1981 年以前，球队获胜积两分，而如果比赛以平局收场，则参赛双方各得 1 分。这一规则的数学意义十分重大，它意味着每个赛季的总积分数都是固定的。例如，在英超这种有 20 支球队参加的联赛中，每支球队 1 个赛季要打满 38 场比赛（分别于主客场对阵其他 19 支球队）。这样总共就有 20 × 38 场比赛……但且慢，在这里，每场比赛都被我们算进了 2 次。例如，阿森纳对阵曼联和曼联对阵阿森纳指的都是同一场比赛。因此，一个赛季中共

有 10×38 场比赛。也就是说，1981 年前的积分制度规定，赛季结束后，所有 20 支球队的积分相加等于 $2 \times 380 = 760$。这一点便是回答上述问题的有效机制的关键所在。

但是，1981 年，一切都在数学意义上改变了。规则变成赢一场比赛获得 3 分，平局则两队各得 1 分。我们无法事先预知赛季结束后的总积分。如果每场比赛都以平局收场，总积分将是 760 分。但如果整个赛季无一平局，那么总积分将是 1140 分。这中间的差异便是造成英超问题如此难解的原因所在。

如果你对足球不感兴趣，像这样的问题其实还有很多其他版本。其中一个经典案例便是旅行推销员问题。举例来说：假定你是一名推销员，眼下需要拜访 11 位客户，每位客户都住在不同的城镇，这些城镇之间以道路相连，如图 3-17 所示。而车里的燃油只够你行驶 238 英里的路程。

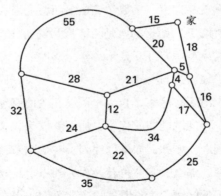

图 3-17 旅行推销员问题。你能否找到一条 238 英里以内的路径，
造访其中的每个点后，再安然返回到出发点呢

连接两个城镇的道路上的数字即是城镇之间的距离。你是否能找到一条成功拜访 11 位客户并在燃料耗尽前安然返回家中的路径呢？（答案请见本章末尾。）在这个版本的问题中，要想获得百万美元，必须提供一

种通行的算法或电脑程序，不管是什么样的地图，只要套进这种算法或程序，便能很快确定出其中的最短路径，而无需用电脑进行一番穷举式的搜索。随着地图中城镇数量的增加，可能的路线数量也会呈指数级增长，从而使穷举式搜索很快变得不切实际。另外，如果能证实此类程序并不存在，你同样也能获得这一百万美元。

数学家们对这类问题的普遍看法是，其中有一种内在的复杂性，因此并不存在任何聪明的解决方法。我将此类问题称为"沙里淘金"问题，本质上来说，这种问题的答案很多，但我们所要寻找的总是某一条特定路径。这类问题还有一个技术称谓，叫做 NP 完全问题。

这些谜题都具有一个关键特征，那就是一旦你找到了其中的金子，便可以轻易地判定答案是否准确。比如，一旦你在地图上找到一条比 238 英里短的路径，问题便迎刃而解了。类似地，如果剩余赛程的胜负结果陆续出来，你立刻就能知道，从数学的概率问题上来看，球队是否还存在夺冠的可能。所谓 P 问题指的就是能够找到快速解答机制的方法。因此，也可以这样描述本章的百万美元问题： NP 完全问题是否就是 P 问题呢？数学家将之表示为 NP v P。

另外还有一个与所有这些 NP 完全问题相关的有趣属性。如果你找到能够解决其中一个问题的高效程序，那么就意味着这个程序也能解决所有其他的这类问题。例如，如果你找到了一个用来确定旅行推销商最短路径的聪明程序，那么，它便可转换为另外一个高效程序，解决球队能否赢得联赛冠军的问题。为说明这一点，我们再来看其他两个看上去十分不同的"沙里淘金"问题，即 NP 完全问题。

派对策略问题

你想邀请一些朋友参加派对，但其中有些朋友相互之间不和，这就是说，你不能让 2 个敌人出现在同一房间内。因此，你决定同时举办 3 个派对，每个派对邀请不同朋友参加。你是否能找到一种分发请帖的方式，以避免互有敌意的人出现在同一个派对呢？

三色地图问题

在第 2 章中，我们已了解到，不管是什么地图，只要 4 种标记颜色就足够了。那么，是否存在一种有效的方法，能帮助我们确定不管在任何情况下 3 种颜色就足够了呢？

三色地图问题的解决方法如何能帮助我们解决派对的策略问题呢？假设你已依次写下朋友的姓名，并在互有敌意的人员之间连一条线，如图 3-18 所示。

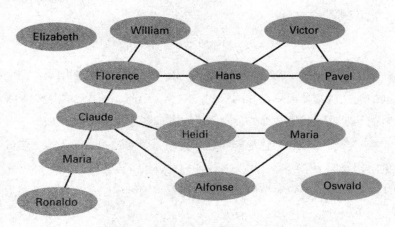

图 3-18　不能出现在同一派对上的人员之间以线条相连

在确定邀请哪位朋友去哪个派对时，你可以在他们的姓名框内涂上特定颜色，1 种颜色代表 1 个派对。邀请哪位朋友去哪个派对就相当于给上述的姓名框涂颜色，使所有相连的姓名框的颜色都不相同。接下来，让我们把这些朋友的名字替换成其他事物，再来看看情况会发生什么变化（如图 3-19 所示）。

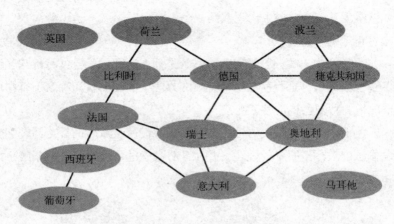

图 3-19　相邻的国家以直线相连

如图 3-19 所示，互有敌意的朋友都变成了相邻的欧洲国家，而朋友之间的连接线则变成了相邻国家的边境线。因此，选择哪位朋友去哪个派对的问题就变成了选择哪种颜色为欧洲地图上色的问题了。

派对策略问题和三色地图问题只是同一个问题的不同版本，通过这个例子，我们便了解到，只要能找到一种有效的方式解决一个 NP 完全问题，你最终便会解决掉所有这类问题！下面列出了此类各种不同的问题，你可以试试自己赢得一百万美元的手气如何。

扫雷

这是微软操作系统自带的一款单机游戏。游戏目标是清除 1 个网格中的全部地雷。如果你点击其中的 1 个网格，而且没有地雷的话，游戏就会显示出该方格四周的地雷数量；而如果你踩在地雷的位置，便即刻输掉了游戏。百万美元的扫雷挑战则有所不同。比如，图 3-20 不可能出自一个真正的扫雷游戏，因为这些数字所指示的情况是不可能存在的（图 3-20）。方格中的 1 表示四周未揭开的方格中有 1 颗地雷，而数字 2 则表示四周有 2 颗地雷。

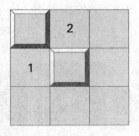

图 3-20

那么图 3-21 如何呢？它能构成一个真实的扫雷游戏吗？

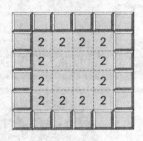

图 3-21

是否有一种布雷方式，能使数字是连续的呢？还是说以上图案完全不可能出自一个真实的游戏之中，因为不存在这种布雷方式呢？你要做的就是找出一种有效的程序，不管给出一幅什么样的画图，你都能给出答案。

数独

找到一种有效机制来完成任意大小的数独填字游戏也是一个 NP 完全问题。有时候，面对一些十分困难的数独问题时，我们必须要进行试探性的填写，然后沿着这些逻辑一点点填充下去。似乎并没有什么特别聪明的方法，我们只有一次一次地试探，直到找出一个准确的解决方法。

装箱问题

假设你经营一家搬家公司，公司中所有货箱的高度与宽度都是统一的，与货车车厢的内壁高度和宽度完全契合（仅略短一点，可以顺利塞入）。但货箱的长度各不相同。货车车厢的长度是 150 英尺，而货箱的长度则有以下几种规格：16、27、37、42、52、59、65 及 95 英尺。

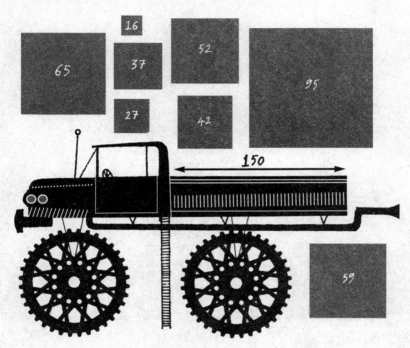

图 3-22　将货箱装车是一个复杂的数学问题

你能否找到一种最省空间的货箱装车方式呢？设定任意一个数字 N 和一组更小的数字 $n(1)$，$n(2)$，$\cdots$，$n(r)$，你必须找到一种算法，以确定是否存在一种更小数字的组合方式，使其相加得出那个大数字？

这些问题并非仅仅是游戏而已，它们常出现在商业或产业之中，许多公司都需要找到一种有效方法去解决某个实际问题。空间或能源的浪费都会增加企业的运营成本，公司的管理者往往需要解决其中一个 NP 问题。甚至有一些电码也被应用在电信产业中，需要相关人员找到破解这些电码的秘密。总而言之，这些问题并非仅限于数学家或游戏玩家的圈子，这道百万难题也是和普通人息息相关的。

不管是从数学概率上分析足球联赛，还是筹办派对，不管是为地图上色，还是扫雷，这些都是本章这道百万难题的种种伪装，其中总会有某个版本能引起你的兴趣吧。但我还是有言在先：这道题或许看似有趣好玩，但它却是所有百万美元难题中最难解的。数学家认为，这些问题包含着某些本质上的复杂性，因此并不存在一种解决这些问题的快速方法。但麻烦在于，要证实某件东西为什么不存在总是比证实什么东西存在更加困难。不过，如果真想试图解决本章中的这道难题，你至少也会从中收获很多乐趣。

3.15 答案

"数字之谜" 彩券

中奖号码为：2 3 5 7 17 42。

旅行推销商问题

以下为一个 238 英里的路径：

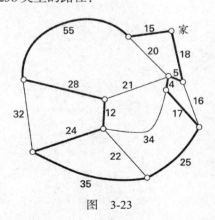

图 3-23

15+55+28+12+24+35+25+17+4+5+18=238

第 4 章
不可破解之密码

自从人类学会交流以后，便穷及各种手段来藏匿信息，以防止被敌人截获。或许你也曾用密码写过日记，以防兄弟姐妹的窥探，就像达芬奇曾经做过的那样。另外，密码也并非只为保密之用，它们同时要确保信息的传播准确无误。通过对数学的运用，我们可以创造出十分巧妙的方式，以确保接收到的讯息和发出的讯息完全一致。这一点在我们所处的这个电波传输时代相当重要。

密码其实只是对一组符号的系统化排列，以起到传递特定讯息的作用。一旦你开始寻找密码，就会发现我们的生活中充满了各式各样的密码：在所有我们购买的物品上面都印着条形码；借助于密码，我们可以把音乐存储在 MP3 播放器中；密码能让我们浏览网页。甚至我手中的这本书也是以密码写的，这种密码就是英语，实际上，它是由 26 个字母构成的一种密码，这套我们所"公认的密码字符"便储存在《牛津英语词典》里。甚至连我们身体内也包含着密码，即 DNA，它是由四种被称为碱基的有机化学物质（分别为腺嘌呤、鸟嘌呤、胞嘧啶和胸腺嘧啶，简称 A、G、C、T）所组成的一套密码，应用在生命体的繁殖和生长的过程中。

在本章，我会介绍一些用数学方法创造和破解世上最聪明密码的案例，看看数学如何帮助我们安全、高效且秘密地传递信息，如何帮助我们完成方方面面的工作，例如从宇宙飞船上拍摄行星，到 eBay 上网购等。
而在本章末尾，我会向大家解释，为何破解其中一道价值百万的谜题也
会有助于破解密码。

4.1　如何用鸡蛋传递机密讯息？

在 16 世纪的意大利，乔瓦尼·波尔塔发现，借助于一种特制墨水，
我们可以在一只煮熟的鸡蛋中写下隐秘的信息。把 1 盎司明矾溶解在 1
品脱的醋中便可制成这种特制墨水。墨水会穿透蛋壳，字迹便停留在煮
熟的蛋清上，同时蛋壳表面的字迹会消失不见。这简直是一种完美的传
递秘密讯息的办法，要破解其中的秘密，先要破解蛋壳！而这还只是人
们用于隐藏秘密讯息的众多疯狂手段中的一种。

公元前 499 年，一位名叫希司提埃伊欧斯的专制君主想向他的侄子
阿利斯塔戈拉斯传递一段机密讯息，鼓励他起兵反抗当时的波斯国王。
希司提埃伊欧斯驻扎于苏萨，即当今伊朗境内，而其侄子则驻扎在家乡
米利都，位于当今土耳其境内。他要如何传递这条讯息以免被波斯当局
截获呢？希司提埃伊欧斯想出一个十分巧妙的计划，他把一位忠实下属
的头发剃掉，再把这段讯息以刺青的方式刺在这名下属的头皮上，等他
的头发长出来后，便派其前去参见阿利斯塔戈拉斯。当这位下属抵达米
利都后，希司提埃伊欧斯的侄子重新剃光这名下属的头发，顺利地接收
到了这段讯息，于是开始起兵对抗统治者波斯国王。

这位侄子只需重新剃光信使的头发便可获取讯息，相比之下，一种
古中国传递秘密信息的方式则不禁令我们唏嘘不已。他们把信息写在一
片绸缎上，然后将之紧紧揉成一团，再在外面裹一层蜡，让信使生生吞
下。可想而知，当这段信息再次现身时，绝非什么令人愉悦的画面。

公元前 500 年，斯巴达人发明了一种最复杂的藏匿信息的方法。他

们采用一种特殊的叫做密码棒的木制圆筒，在圆筒的外面螺旋状地包裹一张很细的纸条。秘密讯息便写在这张纸条上，纵向地紧贴在圆筒上，但是，当纸条被取下来后，上面的讯息看上去就像一篇晦涩的天书。只有把这张纸条卷在另外一根相同尺寸的密码棒上，所有的字母才能准确地呈现出来。

以上这些传递机密的手法实际上都是隐写术——隐藏的艺术，而非编码。但是，不管它们隐藏得多么离奇，一旦讯息曝光，机密也就泄露了。于是，人们开始思考如何隐藏讯息的意涵，即使密文曝光在敌人面前，敌人仍无法得知具体内容。

4.2 如何通过计数来破解印度《爱经》密码？

B OBDFSOBDLNLBC, ILXS B QBLCDSV MV B QMSD, LE B OBXSV MH QBDDSVCE.

LH FLE QBDDSVCE BVS OMVS QSVOBCSCD DFBC DFSLVE, LD LE ASNBGES DFSJ BVS OBTS ZLDF LTSBE. DFS OBDFSOBDLNLBC'E QBDDSVCE, ILXS DFS QBLCDSV'E MV DFS QMSD'E OGED AS ASBGDLHGI; DFS LTSBE ILXS DFS NMIMGVE MV DFS ZMVTE, OGED HLD DMUSDFSV LC B FBVOMCLMGE ZBJ. ASBGDJ LE DFS HLVED DSED: DFSVS LE CM QSVOBCSCD QIBNS LC DFS ZMVIT HMV GUIJ OBDFSOBDLNE.

上述这段文字看上去就像天书，但是，实际上它是用一种使用最广泛的密码写出来的，这种密码称为替换式码。它用不同的字母来替换原文中的字母，比如，a 可能被替换成了 P，t 可能替换成 C 等。（在此，小写字母表示未加密的讯息，即专业人士所称的明文，大写字母表示密文。）只要信息的发送者和接收者事先商定好字母的替换规律，接收者便能破解其中的秘密，但对于其他人来说，这些文字只不过是些毫无意义的字符组合罢了。

所有此类密码中最简单的一种是以凯撒大帝的名字命名的凯撒变换码。凯撒曾在高卢战争中用这种密码和他的将军交换信息。这种密码的规则是将每个字母替换为字母表后相同距离以外的另一个字母。如果该距离设为3位，a就变成了D，b就变成了E，依此类推。从本书网站上可以下载到相关文件，你可以用其来设立自己的密码轮盘，创建出一种简单的凯撒变换码。

以相同间隔来替换字母的方法只能创造出25种可能的密码，一旦你认出其中的编码方式，密文便不难破解。此外，还有另一种更好的编码方式，即不将所有字母统一后移，而是将字母混在一起，任何字母都可以用来替换任何其他字母。实际上，这种加密术的发明要比凯撒大帝的密码早数百年的时间。而且，令人吃惊的是，它并非写在一本军事书籍之中，而是写在印度《爱经》里。虽然这本古代梵文著作通常被认为是和肉体欢愉相关的，但其中也涵盖了作者认为妇女应当掌握的众多技艺，从变戏法、下象棋、书籍装订，甚至到木工等等。其中的第45章则专门介绍了加密书写的艺术。而这里的替换密码则被视为一种隐匿爱人间联络细节的绝妙方式。

虽然凯撒变换密码只有25种，但如果能用任何字母来替换其他任何字母的话，就会产生更多的密码。要替换字母a，我们共有26种选择，而在此基础上再替换字母b，则有25种选择（因为其中已经有1个字母用来替换了字母a）。因此，仅仅替换a、b两个字母，便已经有26×25种不同的方式。如果我们继续下去，将剩下的字母也都替换成不同的字母，那么，就将产生以下这么多种的《爱经》密码：

26×25×24×23×22×21×20×19×18×17×16×15×14×13×12×11×10×9×8×7×6×5×4×3×2×1

根据前文第 40 页的讲述, 我们可以将上述数字写成 26!。此外, 我们还需要记得从该数字中减去 1, 因为其中有一种可能是 A 为 a, B 为 b, 一直到 Z 为 z, 这种情况下也就不能称其为密码了。当我们计算出 26! 的值, 并减去 1 后, 得到的总数如下:

403 291 461 126 605 635 583 999 999

即一共有超过四亿亿亿种可能的密码种类。

本节开头的那段文字便是依照其中一种密码所撰写的。为便于读者理解上述数字到底有多大, 我来举两个例子。如果我用其中所有可能的密码种类把该段文字誊写一遍的话, 纸张的长度可以轻易地从这里延伸至银河系边界。而如果 1 台计算机 1 秒钟检验 1 种密码的话, 自 130 亿年前宇宙大爆炸开始操作, 到今天为止, 它也只能检验完其中的一小部分——很小很小的一部分。

如此看来, 这种密码似乎是无法破解的。谁能有这么大本事从如此庞杂的选择中确定我使用的特定类型呢? 令人吃惊的是, 解决这一问题要依赖于一种十分简单的数学思想: 计数。

表 4-1 简明英文中各字母出现的频率, 精确到 1%。根据这些数据, 我们便可以开始破解那些使用替换密码撰写的密文

	a	b	c	d	e	f	g	h	i	j	k	l	m
%	8	2	3	4	13	2	2	6	7	0	1	4	2

	n	o	p	q	r	s	t	u	v	w	x	y	z
%	7	8	2	0	6	6	9	3	1	2	0	2	0

密码分析学(密码破译的学名)最早由阿拉伯人在阿巴斯王朝时期发展起来的。公元 9 世纪的博学人士叶尔孤白·肯迪发现, 在书面文本中, 有些字母反复出现, 而另一些字母很少出现, 正如表 4-1 中的数据所显示的那样。熟悉 Scrabble 拼字游戏的读者对此都深有体会: 字母 E 的价值只

是1分，因为 E 是英语字母中最常出现的文字，而字母 Z 则价值 10 分。在书面文本中，每一个字母都有其独特的"个性特征"，包括出现的频率、与其他字母的组合方式等，但是，肯迪分析的关键之处就在于，他认识到一个字母并不会因为被其他符号替换掉，就改掉其原本的个性特征。

那么，就让我们以本节开篇段落为例来尝试一下破译密码吧。表 4-2 中列出了这段文字中各字母的出现频率。

表4-2　密文中各字母的出现频率

	A	B	C	D	E	F	G	H	I	J	K	L	M
%	1	10	5	12	7	6	3	2	2	1	0	8	5
	N	O	P	Q	R	S	T	U	V	W	X	Y	Z
%	2	4	0	3	0	13	1	1	7	0	1	0	1

从表中，我们可以看出字母 S 的出现频率为 13%，比密文中其他字母的出现频率都高，因此，很有可能这个字母在密码中就代表着字母 e。（当然，你得指望我在此使用的不是乔治·佩雷克的小说《消失》，在这部小说中，字母 e 完全消失了。）密文中出现频率第二高的字母则是 D，出现频率为 12%。而英文中第二常见的字母为 t，因此，很有可能 D 在这里所替换的字母就是 t。接下来，密文中第三常见的字母为 B，出现频率为 10%，因此，它替换的很可能就是英文中第三常见的字母 a。

现在就让我们把上述的 3 个字母替换回来，看看结果如何：

a OatFeOatLNLaC, ILXe a QaLCteV MV a QMet, LE a OaXeV MH QatteVCE.

LH FLE QatteVCE aVe OMVe QeVOaCeCt tFaC tFeLVE, Lt LE AeNaGEe tFeJ aVe OaTe ZLtF LTeaE. tFe OatFeOatLNLaC'E QatteVCE, ILXe tFe QaLCteV' E MV tFe QMet' E OGEt Ae AeaGtLHGI; tFe LTeaE ILXe

tFe NMIMGVE MV tFe ZMVTE, OGEt HLt tMUetFeV LC a FaVOMCLMGE
ZaJ. AeaGtJ LE tFe HLVEt teEt: tFeVe LE CM QeVOaCeCt QIaNe LC tFe
ZMVIT HMV GUIJ OatFeOatLNE.

虽然看上去仍然是一团乱麻，但我们从其中看到好几个单独的字母
a，这或许证明我们对该字母的解码是正确的。（当然，最终的结果或许
显示 B 替换的是字母 i，果真如此的话，我们就得从头再来了。）然后，
我们还观察到单词 tFe 反复出现，因此，它很可能表示的就是单词 the。
根据上面的频率列表，字母 F 在密文中的出现频率为 6%，而字母 h 在英
文中的出现频率也是 6%。

我们还看到单词 Lt，其中只有第 2 个字母被破解了。而英文中只有
两个以 t 收尾的双字母单词，即 at 和 it。由于我们已经破解出了字母 a，
所以 L 很可能就是字母 i，而字母频率列表也佐证了这一点。L 在密文中
的出现频率为 8%，而字母 i 在英文中的出现频率则为 7%，二者十分接
近。这种频率的统计并不非常精确，一般来讲，文本越长，精确性就越
高，但在解读时还是要保持一定的灵活性。

现在我们把两个新破解出的字母替换进去：

a OatheOatiNiaC, IiXe a QaiCteV MV a QMet, iE a OaXeV MH
QatteVCE.

iH hiE QatteVCE aVe OMVe QeVOaCeCt thaC theiVE, it iE AeNaGEe
theJ aVe OaTe Zith iTeaE. the OatheOatiNiaC'E QatteVCE, IiXe the
QaiCteV'E MV the QMet'E OGEt Ae AeaGtiHGI; the iTeaE IiXe the
NMIMGVE MV the ZMVTE, OGEt Hit tMUetheV iC a haVOMCiMGE ZaJ.
AeaGtJ iE the HiVEt teEt: theVe iE CM QeVOaCeCt QIaNe iC the ZMVIT
HMV GUIJ OatheOatiNE.

如此，文章内容便开始一点一点地凸显出来了。剩下的破解工作就留给读者自己去做了。如果想检验自己的破解是否准确，请见本章末尾处公布的解码的文本。在此给大家一个提示，这些文字是我最喜欢的篇章之一，选自剑桥数学家戈弗雷·哈罗德·哈代的《一个数学家的辩白》一书。这是我上学时期读过的一本书，而且它也是促使我决定当一名数学家的原因之一。

这种简单的数字母个数的计算频率的技巧，使得任何以替换密码写成的信息都难逃被破解的命运，苏格兰玛丽皇后便尝到了其中的苦头。她用奇怪的符号替代字母（见图 4-1）写了一封信给她的同谋者安东尼·贝平顿，密谋刺杀伊利莎白一世。

图 4-1　贝平顿密码

玛丽皇后的书信第一眼看上去似乎完全无从下手，但是，伊利莎白女皇征召了一名欧洲密码破译大师托马斯·菲利普斯。这位破译大师其貌不扬，曾有文对其描述道："五短身材，瘦骨嶙峋，头发深黄，黄色的胡须整洁，甚至面生痘疮，双眼近视。"许多人因其能阅读像这样的神秘文本而将其视为与恶魔为伍的人，事实上，他所使用的无非就是前文所述的分析频率的方法。菲利普斯成功地破解出密码，玛丽皇后因此被捕并被送上法庭。这封密信也成了将其送上断头台的铁证。

4.3 数学家如何帮助打赢二战?

一旦密码员发现替换式密码的内在缺陷后,便开始着手设计更巧妙的加密方式,以挫败解码者基于字母频率的破解尝试。

> 如果你要破译密文,可查询相关网址帮助
> 你分析出密文中不同字母的出现频率。

其中一种思路是扩充替换密码的种类。在为整个文本编码时,不再只使用一种替换法则,而是交替地使用两种替换密码。这样一来,比如你要把单词 beef 进行编码,其中的两个字母 e 可以替换为两个不同字符,第 1 个 e 可以根据一种密码来替换,第 2 个 e 则根据另外一种密码来替换。因此,beef 有可能会编码为 PORK。对信息的安全系数要求越高,你就要加入更多的不同的密码。

当然,在密码学中,密码的安全和可用性之间需要实现一种平衡。最安全的密码称为一次性密码本,它对文本中的每个字符执行一套不同的替换码。这种密文几乎无法破解,因为密文中完全没有任何线索可供你把握。同时,这种密文也会令接收者十分头疼,因为在破解的时候你需要一个字母一个字母地替换回来。

16 世纪的法国外交官布莱斯·德·维琼内尔认为,要阻止频率分析法破解密码,只需执行少数几种替换码即可。人们所熟知的维琼内尔密码尽管是一套十分强大的密码法则,但并非坚不可摧,英国数学家查尔

斯·巴贝奇最终便找到了一种破解它的方法。巴贝奇被视为计算机时代的始祖，他坚信计算机能执行自动化的计算工作，而他所打造的"差分机"计算机的一个复制品如今依然陈列在伦敦科学博物馆中。正是他在 1854 年提出的这种系统化处理问题的方法才提供了破解维琼内尔密码的思路。

巴贝奇的方法建立在一种最伟大的数学技巧——模式识别之上。首先，我们要判定出密文中共使用了多少种替换码。因为单词 the 在任何文本中出现的频率都会很高，从密文中挑出重复出现的三字母的单词便是探明其中运用了多少种替换码的关键切入点。比如，你可能会发现单词 AWR 总是频繁出现，而在 AWR 之间，总还会出现一系列的四字单词，这将暗示出密文中使用了 4 种替换码。

一旦有了这个信息，你就可以把密文拆分为 4 组。第一组包含第 1 个字母、第 5 个字母、第 9 个字母，依此类推。第二组包含第 2 个字母、第 6 个字母、第 10 个字母等。而在这四组的任何一组中，每个字母所采用的都是同一套替换码，那么，此时你就可以用频率分析法依次对每组字母进行分析，密码最终便可破解。

一旦维琼内尔密码被破解后，人们马上开始寻找安全性更高的编码方式。20 世纪 20 年代，德国研发出了恩尼格玛密码机，许多人就此相信不可破解的终极密码终于创建出来了。

恩尼格玛密码机按照每个字母一套替换码的原则进行密文编写。如果我们把文字编码为序列 aaaaaa（或许表示我现在"正承受痛苦"），那么其中的每个字母 a 都会使用一套不同的密码。恩尼格玛密码机的绝妙之处就在于它把替换码与替换码之间的置换执行得十分高效。信息通过键盘输入，在键盘上方有第 2 排字母板——"光板"，当用户按下键盘上的一个按键时，上方的字母板中便会有一个字母亮起，表示密文中所显示的字母。但是，键盘并不直接控制上方的光板，两者之间依靠 3 个转子来建立联系，这些转子包含迷宫式的连接线路，而且它们还能旋转。

现在，我们来想象一下恩尼格玛密码机的工作方式。设想一个大的圆柱体中有 3 个滚筒。在圆柱体的顶端，沿着底面边缘钻有 26 个孔洞，每个孔洞标记 1 个英文字母。在编码一封信件时，我们将一个小球从对应的字母洞中塞入。小球会落到第 1 只滚筒中，滚筒上下两端的边缘处各有 26 个孔洞。上下方孔洞之间由管道连接，但管道并非简单地将上下相对的 2 个孔洞连接起来，而是混为一团，管道在滚筒中扭曲旋转，因此，顶端掉落下来的小球从滚筒底端的一个完全不同的位置上掉出。中间和偏下的 2 只滚筒的工作原理也是一样的，只是其中的管道连接方式又完全不同了。当小球从第 3 只滚筒底端掉出后，它便进入这个巧妙装置的最后一段，接着便会从圆柱底端的 26 个洞口之中的 1 个洞口中掉出，同样，这 26 个孔洞也都标记了字母。

但是，如果该设备的功能仅限于此，那么它只不过是一种更复杂的替换编码方式而已。但是，恩尼格玛密码机的真正妙处正是：每次当一个小球落入圆柱体后，第 1 只滚筒转动 1/26 个圆的角度。因此，当第 2 个小球掉入其中时，第 1 只滚筒便会将其带向一条完全不同的路径。比如说，字母 a 可能第一次被编码为字母 C，而等到第一只滚筒转动了一次后，第 2 个掉入 a 字母洞的小球便会从底部的一个不一样的洞中掉出来。恩尼格玛密码机的工作原理便是如此：当第 1 个字母被编码完后，第 1 只转子便会转动一个位置。

转子的旋转方式有点像里程表：一旦第 1 只转子转完 26 个位置后，它便回到初始状态，接着第 2 只转子便开始转动。如此算下来，共有 $26 \times 26 \times 26$ 种不同的编码方式。此外，设备操作人员还可以调整若干转子的前后排列，进一步地把编码种类扩充 6 倍（对应 3! 种不同的转子排列方式）。

恩尼格玛密码机操作员人手一本密码簿，其中记录着每天的工作要开始时，他们将以何种方式排列好这些转子，然后再开始编码工作。接收者也借助于密码簿中的相同设置对文本进行解码。人们在创建恩尼格玛密码机的过程中又加入了更多额外的复杂性，而该设备共提供 1.58 万亿亿种不同的编码方式。

图 4-2 恩尼格玛密码机的工作原理：向管道中抛入一个小球来编码一个字母。
圆柱体在每次编码后会发生旋转，因此，每次各个字母的编码方式都不同

1931 年，法国政府发现德国制定的相关计划时大为惊诧。他们似乎无法从这段截获的信息中了解到转子在每天的编码工作中的设置方式，而它们的设置方式对这些密文的破解十分关键。幸好，法国人和波兰人之间有交换情报的协议，而德国人对波兰领土的虎视眈眈也使波兰的伟大头脑们汇聚了起来，开始致力于破解转子的排列方式。

波兰的数学家们意识到，在每一种转子排列方式中，都隐含一些各自的特征，而这些特征模式则成为破解此类密码的切入点。比如，如果操作员输入字母 a，根据转子的设置情况，假设最终编出的字母为 D，接着，第一只转子会转动一下，此时，当另一个 a 被输入后，假设编码出的字母为 Z，那么，从某种意义上来说，通过转子的设置情况，字母 D 和 Z 之间

存在着某种关联性。

　　我们可以借助于之前的那个奇妙装置来研究一下这件事。重新设置好滚筒，然后依次把小球放入两个相同的字母洞中，便可创建出类似下表中的完整关系列表（表4-3）。

表　4-3

输入字母	a	b	c	d	e	f	g	h	i	j
第一个球	D	T	E	R	F	A	Q	Y	S	I
第二个球	Z	S	B	Q	X	G	L	V	K	A
输入字母	k	l	m	n	o	p	q	r	s	t
第一个球	P	B	N	C	G	Z	J	H	M	U
第二个球	J	D	Y	H	C	W	E	O	I	M
输入字母	v	w	x	y	z					
第一个球	K	O	W	L	V					
第二个球	P	F	N	R	U					

　　而在本书配套网站中，也有一个指导性的PDF文件供大家下载，有兴趣的读者可以藉此创建出自己的恩尼格玛密码机。

　　每个字母只出现1次，而且在每排中也只出现1次，因为每1行对应着1套单一的替换密码。

　　那么，波兰数学家是如何利用这些关系的呢？在任何一天内，德国所有的恩尼格玛密码机操作人员都会根据密码簿的要求，使用同样的转子设置。接下来他们可以选择自己的设置，然后再使用密码簿中的原始设置把密文发送出去。为了安全起见，他们被要求重复自己的选择，重复输入密文内容2次。但是，这种做法非但未能带来安全，反而铸成大错。波兰人从中发现了一条线索，从而了解到这些转子是如何与字母相联的，并以此为切入点，最终探索出每一天的恩尼格玛密码机是如何设置的。

一群数学家住在牛津和剑桥之间布莱切利园的一间乡间别墅里，对波兰数学家们发现的模式展开了研究，并通过他们所打造的一台称为"炸弹"的机器找到了一种自动对这些设置展开搜索的方法。据称，这些数学家所做的工作使二战提前2年结束，因而挽救了无数生命。而他们所创建的机器装置则最终催生了今天我们每个人都无比依赖的电脑。[①]

4.4　讯息的传递

不管信息是否加密，我们总要寻找一种方式将其从一个地点传递到另外一个地点。许多古代文明，从中国人到美洲的原住民，都曾以烟雾作为远距离传递信息的手段。据称，长城烽火台上的烟雾就能在1小时内把信息传递至500公里远的地方。

旗语的使用则可追溯至1684年，当时17世纪最著名的科学家之一罗伯特·胡克就在这一年把旗语的想法传达给伦敦的皇家学会。望远镜的发明也让视觉信号可以远距离传递，而激发胡克研发热情的则是那个催生出众多科技进步的事物——战争。此前一年，维也纳在整个欧洲毫不知情的情况下被土耳其军队占领。于是，如何快速地把信息传递给远距离的一方便立刻成为了一项十分紧迫的任务。

---

① 计算机科学之父阿兰·图灵是此次密码破解工作的核心成员，关于此段往事的回忆，可以参考人民邮电出版社出版的《图灵的秘密：他的生平、思想及论文解读》。
　　　　　　　　　　　　　　　　　　　　　　　　　　　　——编者注

　　胡克提出在全欧洲范围内建立一种灯塔系统：当一座灯塔发出信息后，所有可视范围内的灯塔便跟进复述这一信息，事实上这就是长城烽火台的一种二维演变。但是，这种传递信息的方法并不十分成熟，人们必须要把庞大物件高悬在绳索之上。因此，胡克的这一建议并未得到实施，但在 100 多年后，一个类似的主意则付诸实践。

　　1791 年，克劳德·夏普和伊格纳茨·夏普两兄弟建立起一种塔座体系，以加速法国革命期间政府之间的信息交流（不过，由于部分暴民误以为这些塔座是保皇党人之间的交流手段，其中一座塔楼已被摧毁，不复存在）。这种想法源自两兄弟幼时传递信息的一种方法。那时，两人就读于一所管教十分严格的学校，于是就发明出一种相互传递信息的方法。他们尝试以各种各样的方式给对方发送能看得见的信息，最终选定了这种借助于木杆角度组合的方式，因为肉眼可以轻松识别其中的差异。

图 4-3　夏普兄弟所采用的密码是通过以铰链连接起来的木杆来传达信息的

　　两兄弟研发出的这套密码基于一种以铰链相连的活动木杆系统，以传达不同的字母或常用的词语。其中，中心主杆以四种不同的角度设定，而与之相连的两边的两个小杆则各有 7 种设定方式，综合起来，该系统共可传达出 7×7×4=196 种不同的符号。在所有这些符号中，有一些被应用于公共传播，而其中的 92 种则作为两兄弟间的一种密码，这些符号两两结合后便可传达出 92×92=8464 种不同的单词或短语。

　　1791 年 3 月 2 日，两兄弟第一次测试这种传递方式，他们成功地将"一旦胜利，将尊享荣耀"这一信息传递至 10 英里外。政府对这两兄弟的提议非常感兴趣，提议在 4 年内将塔座与旗语系统建造完成并覆盖整个法国。1794 年，法国从奥地利手中夺取了孔代叙尔莱斯科镇，这条消息在事发短短 1 小时内便传遍了一条长达 143 英里的塔座链。但是，不幸的是，这种成功并未带来像首条讯息所昭示的荣耀。克劳德·夏普因为被指控剽窃现有的电报设计而陷入极度抑郁之中，并最终投井自尽。

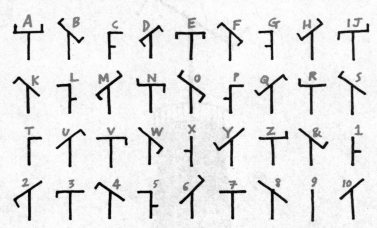

图 4-4　夏普兄弟通讯系统中的字母及数字符号

　　很快，塔座上的木杆开始被旗帜所取代，同时，旗语也成为海上水手的交流手段，因其操作十分简易，只需在可视范围内挥舞旗帜即可。

或许轮船之间传递的最知名的讯息就是图 4-5 中显示的这条，该讯息发于 1805 年 10 月 21 日的 11:45。

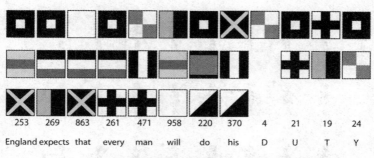

图 4-5　海军上将霍雷肖·纳尔逊发出的著名讯息

　　该信息是由霍雷肖·纳尔逊在其旗舰"胜利号"中发出的，时间刚好在英国海军参与其中并大获全胜的特拉法加海战打响之前。当时英国海军使用的是一套由海军上将波帕姆爵士发明的密码系统。每条海军战舰均配备密码簿，而且密码簿中加灌了铅，一旦军舰被敌方控制，军人可立即将密码簿抛入大海，以免机密落入敌手。

　　这套密码使用 10 只不同的旗帜来表示 0 到 9 这 10 个数字。桅杆上每次会挂起 3 幅旗帜，来表示 000 到 999 之间的一个数字。讯息接收者看到这些旗帜时，可从密码簿中查找数字所对应的单词。比如，数字 253 代表 England，数字 471 代表 man。而有些单词，比如 duty，并没有包含在密码簿中，因此就需要通过代表具体字母的旗帜来一个个拼出来。纳尔逊原本想发送的讯息是 England confides that every man will do his duty（英格兰相信每个男人都恪尽其责），以显示英格兰的自信满满，但通讯官帕斯科中尉在密码簿中找不到 confides 这个词。帕斯科中尉委婉地向尼尔森提议，与其逐个用字母把整个词拼出来，或许使用 expects 这个词更好，后者则包含在密码簿里。

　　旗帜的使用逐渐被电信科技取代，但是，一手一旗的现代旗语系统依然是当今海员必学的功课。一只手臂有 8 种不同姿势，两只手结合起来一共可以传递 8 × 8=64 种符号。

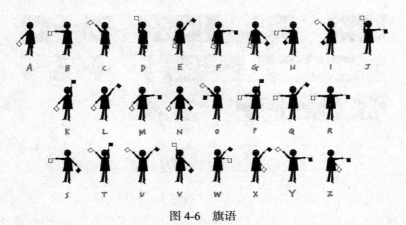

图 4-6 旗语

NUJV！

图 4-7

在披头士乐队专辑 *Help!* 的封面上，乐队成员显然用旗语的方式来拼写专辑名称。但实际上他们拼出的并非单词 HELP，而是 NUJV。想出在封面上使用旗语这个主意的是罗伯特·弗里曼，他这样解释道："拍摄时，HELP 这四个字母所对应的姿势不太好看。所以我们决定随性而为，最终选择了现在这种视觉效果最好的姿势组合。"而原本 HELP 四个字母所对应的姿势应当如图 4-8 所示。

披头士并非唯一一个在专辑封面中使用错误密码的乐队，稍后我们还会看到其他例子。

图 4-8

> 想要查看一条信息如何被翻译为旗语的读者
> 可查询相关网址。

图 4-9　你知道吗？核裁军运动使用的和平标志其实就来自于旗
语。它将字母 N 和 D 的手势结合在了一个单独的符号中

4.5　贝多芬第五交响曲中的加密讯息是什么？

贝多芬第五交响曲的开篇是音乐史上最著名的开场片段之一 ——3 个短音加上 1 个长音。然而，为何在二战期间，BBC 每次开播新闻时都要播放这段贝多芬的著名篇章呢？答案是其中隐藏着一段加密讯息。采用这种新式密码技术，人们可以用电线在一系列电磁脉冲中发送出讯号。

卡尔·弗里德里希·高斯是其中一位最早进行这类通讯实验的人，在第 1 章中，我们已经介绍过他在质数方面的工作。除了数学以外，他对物理也很感兴趣，包括新兴的电磁领域。他和物理学家威廉·韦伯草草设置了一根长达 1 公里的电线，从韦伯位于哥廷根的实验室一直延伸至高斯住处，以利用这根电线给对方传递讯息。

要做到这一点，他们需要开发一种密码。他们把一根针扎在缠绕在电线两端的磁铁上。通过改变电流的方向，磁铁会发生左转或右转。高斯和韦伯共同设计出一种密码，可将字母编译成左转与右转的组合（见表 4-4）。

表 4-4

r=a	rrr=c,k	lrl=m	lrrr=w	llrr=4
l=e	rrl=d	rll=n	rrll=z	lllr=5
rr=i	rlr=f,v	rrrr=p	rlrl=o	llrl=6
rl=o	lrr=g	rrrl=r	rllr=1	lrll=7
lr=u	lll=h	rrlr=s	lrrl=2	rlll=8
ll=b	llr=l	rlrr=t	lrlr=3	llll=9

韦伯认为这一发现潜力巨大，并为此兴奋不已，因此，他预言式地宣称：

> 当整个地球用一张铁路和电报电线的网覆盖时，这张网将提供可与人体的神经系统相媲美的服务，一方面作为运输的手段，而另一方面则以光速传输思想和感觉。

为最大化地发挥电磁传递信息的潜力，人们发明出各式各样的密码，但是，自 1838 年美国人萨缪尔·摩尔斯发明出他的密码之后，其他所有密码都在摩尔斯电码成功的光环下销声匿迹了。摩尔斯电码的原理类似于高斯和韦伯的那套密码，把每个字母转换成一种长短电波的脉冲（点、划）组合。

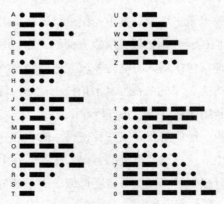

图 4-10　摩尔斯电码

　　摩尔斯在创建电码的过程中所基于的逻辑，很像密码破译人员破解替换密码时所采用的频率分析思想。英文中最常见的是字母 e 和字母 t，因此，合理的方案就是为它们分配最短的密码序列。因此，字母 e 由一个点来表示，即 1 个短电波脉冲；而字母 t 则由一划来表示，即 1 个长脉冲。不太常见的字母则被分配以较长的序列，例如，字母 z 由划划点点来表示。

　　有了摩尔斯电码的帮助，现在我们就可以来破解贝多芬第五交响曲中的隐藏讯息了。如果将乐曲的开场片段视为一段摩尔斯电码的话，那么，4 个音符所对应的点点点划所表示的就是字母 v，BBC 就是用它来寓意战争的 Victory（胜利）。

　　贝多芬不会有意以摩尔斯码的形式在音乐中隐藏什么讯息，毕竟他老人家去世时摩尔斯电码还没问世，但的确有一些其他作曲家有意在作品中用节奏添加了额外的意涵。著名的侦探剧集《摩尔斯警长》的配乐中便不失时机地以一段蕴含了摩尔斯电码的节奏开篇，并在其中拼出了这位警长的名字：

图 4-11　摩尔斯电码

　　在其中的几集中，作曲家甚至将故事中杀手的姓名也以摩尔斯电码的形式契入到背景配乐之中，有时，这些细枝末节反而为剧集加分不少。

　　摩尔斯电码的运用十分广泛，不仅仅被作曲家使用，而且还被全世界的电报收发员使用，但摩尔斯电码还是有内在缺陷的。比如，如果你收到 1 个点加划的电码，该怎么破译呢？在摩尔斯码中，这一序列可以代表字母 a，也可以代表字母 e 加上字母 t。结果，数学家选择诉诸另外一种形式的密码，通过使用 0 和 1 这两个数字，构建出一种更加适用于机器的密码。

4.6 酷玩乐队第 3 张专辑的名称是什么?

2005 年,当乐迷奔走购买酷玩乐队的第 3 张专辑时,专辑封面上的图案引起了人们极大的热情,乐迷们纷纷猜测个中含义。画面中描绘着各种不同颜色的方块,这些方块被排列成一个网格的形状。图中到底隐含着什么深意呢? 原来,它是用一种最早出现的二进制码编写的专辑名称。这种二进制码是由法国工程师埃米尔·波德于 1870 年发明的。图画中的颜色并没有特别意义,重要的是,在这种密码中,方块代表数字 1,缝隙则代表数字 0。

0 和 1 的组合是一种强大的信息编码方式,17 世纪的德国数学家戈特弗里德·莱布尼茨则是最早认识到这一点的一个人。他从中国的《易经》——探讨阴阳之间的动态平衡的书籍中得到这一灵感。《易经》包含 64 卦,用来代表不同的状态或过程,正是这些内容激发了莱布尼茨的灵感,从而创造出二进制的数学理论(我们在第 3 章讲述如何赢得 Nim 游戏时已经有所接触)。这些卦象由 6 根水平线条组成,这些线条或为连续的,或为断开的。《易经》解释了这些符号如何被应用在占卜中,人们可通过抽签或掷硬币的方式来决定每一卦的结构。

例如,如果算命者求得图 4-12 中这一卦,表示你将会起"冲突"。

图 4-12

但是,如果求得与此正好相反的图 4-13 中的这一卦,表示你有一种"深藏的智慧"。

图　4-13

更吸引莱布尼茨的则是一位 11 世纪的中国学者邵雍，他指出易经中的每一卦都对应着 1 个数字。如果用 0 来代表断开的线条，用 1 来代表连续线条的话，那么图 4-12 中的那一卦便可从上至下依次写为 111010。在十进制数字中，每一位均对应一个 10 的幂数，而位于该位上的数字则表示共有多少个这样的 10 的幂数。比如，234 即表示 4 个 1，3 个 10 和 2 个 100。

不过，莱布尼茨和邵雍采用的都不是十进制，而是二进制，即每一位都代表一个 2 的幂数。在二进制中，数字 111010 代表的是 0 个 1、1 个 2、0 个 4、1 个 8、1 个 16 以及 1 个 32。将所有这些数字求和，可得出 2+8+16+32=58。二进制的美妙之处在于，我们只需两个符号便可表示所有的数字，而非像十进制那样要用到 10 个符号。2 个（十进制的）16 即进位到下一位，变成一个 32。

莱布尼茨发现，将这种书写数字的方法应用在机动化地计算数字时，效果十分强大。二进制数字的求和规则十分简单。在每一位上，0+1=1、1+0=1、0+0=0；第四种可能则是 1+1=0，并向左进一位 1。举例来看，当我们把 1000 和 111010 相加在一起时，我们就会看到一种多米诺骨牌的效应，数字 1 轮番倒下：

1000+111010=10000+110010=100000+100010=1000000+000010=1000010

莱布尼茨设计出一些精妙的计算设备。其中一台以滚珠代表 1，而以空代表 0，从而将求和流程转换为一种奇妙的机械弹子游戏。莱布尼茨认为："卓越的头脑不应像奴隶一样把大量时间耗费在计算上面，只要使用机器设备，这些工作完全可以放心无虞地交给他人去做。"我想大部分数学家都会赞同这个观点。

图 4-14　莱布尼茨设计的二进制计算器的复制品

　　人们不仅开始用 0 和 1 的排列来表示数字，而且也开始用它来表示字母。尽管人们发现摩尔斯电码是一种十分强大的交流工具，但对机器来说，要弄清楚点划之间的微妙区别，识别一个字母的结束和下一个字母的开始并非容易的事情。

　　1874 年，埃米尔·波德提出用 5 个一组的 0、1 组合来表示 26 个英文字母。通过把每个字母设定为相同的长度，上一个字母结束的位置和下一个字母开始的位置便一清二楚了。5 个 0 和 1 的组合一共可以表示出 $2 \times 2 \times 2 \times 2 \times 2 = 32$ 种不同字符。于是，在这套系统中，字母 X 变成了

10111，字母 Y 则变成 10101。这是一个巨大的突破，藉此，讯息便可编码在纸带上面。其中，打孔的部分表示 1，未打孔的部分表示 0。机器能够读取出纸带中的信息，然后将之以信号的形式通过电线传递出去，而另一端的电报打印机则自动把讯息打印出来。

波德码后来被众多其他同样使用 0 和 1 组合的编码形式所取代，这些编码呈现出方方面面的事物，从文本到声波，从图片到电影文件等等。每次你登录到 iTunes 并从中下载一首酷玩乐队的歌曲时，你的电脑就会接收到海量的数字 0 和 1 的组合，而且你的 MP3 播放器知道如何解码这些组合。这些数字组合的讯息在你的音箱或耳机中被转换为不同的振动方式，从而播放出克里斯·马丁的美妙声音。我们置身于数字时代，音乐已经成为数字 0 和 1 的洪流，或许正因如此，酷玩才决定在第 3 张专辑上采用上述那样的封面设计吧。

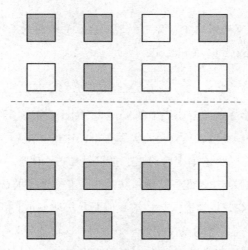

图 4-15 酷玩第三张专辑的封面所使用的波德码

波德的原初编码法则是破解该封面设计的关键所在。图 4-15 可分为4 列，其中每一列都由 5 个方块组成。彩色方块可翻译为 1，缝隙翻译为

0。由于有时很难判定纸带中信息的正反顺序，因此，机器在打孔时会在上面 2 个方块和下面 3 个方块之间打出一条明确的分隔线。这就是封面设计上灰色方块和彩色方块之间有一条分割线的原因所在。

其中，第 1 列可读成彩色-空白-彩色-彩色-彩色，即 10111，在波德码中表示字母 X。最后一列是波德码中的字母 Y。中间的两列更加有意思。我们知道，5 个 0 和 1 的组合能够表示出 32 种符号，但我们需要的往往不止这 32 种，因为在交流的过程中，还会涉及数字、标点等其他符号。为满足这一需求，波德发明出一种巧妙的方法来扩充组合能表示的范围。就像键盘上的 shift 键能帮助我们输入一整套其他字符一样，波德也把其中的一组 5 个 0 和 1 的序列作为波德码中的 shift 键。因此，只要你遇到 11011，你就会明白这串字符对应着另外一套扩展字符。

在下列网址中，你可以创造自己的专辑封面：
http://bit.ly/Coldcode。

封面中的第 2 列即波德码中的 shift 键，因此要解读第 3 列中的空白-空白-空白-彩色-彩色，我们需要借助于下图中的扩展符号集。我想，大多数读者应该都以为这串字符代表的是符号&吧，但是，00011 代表的并不是&，而是数字 9。因此，酷玩乐队第 3 张专辑上的波德码名称实际上是 X9Y，而非 X&Y。难道乐队在给我们开玩笑吗？或许没有。在波德码中，数字 9 和符号&之间仅仅相差 1 个方块，这可能只是一个失误，但这一点也正好体现出这类编码存在的众多缺陷之一：当你操作失误时，我们往往很难辨别出其代表的符号。正是在不断检测像这样的错误中，编码数学才真正成为一门独立学科。

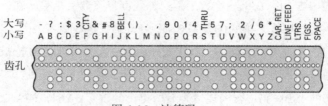

图 4-16 波德码

4.7 0521447712 和 0521095788 哪一个是书籍 条形码?

大家一定都在书籍的背面看过 ISBN 码（国际标准书号）吧。ISBN 的 10 个数字不但确认这本书是独一无二的，而且还能告诉我们这本书的出版国家及出版商。但是，这些还不是 ISBN 的全部功能，其本身还隐含了一个神奇功能。

假如我要订购一本书，知道它的 ISBN 码，但由于赶时间，在输入号码的时候不小心打错了。你大概认为我最后会收到另外一本书吧，但情况并不会这样，因为 ISBN 码有一种神奇的功能：它能自我检测到错误。下面，我们就来看一下它是如何做的。

以下是一些真实的 ISBN 号码，来自我最喜欢的几本书。

表 4-5

ISBN码	0	5	2	1	4	2	7	0	6	1	总数
相乘之后	0	10	6	4	20	12	49	0	54	10	165
ISBN码	1	8	6	2	3	0	7	3	6	9	总数
相乘之后	1	16	18	8	15	0	49	24	54	90	275
ISBN码	0	4	8	6	2	5	6	6	4	2	总数
相乘之后	0	8	24	24	10	30	42	48	36	20	242

表 4-5 中，在每一位数字下面，我都将该数字与它所在位置的序号进行了乘法运算。第一位数字 0 乘以 1，第二位数字 5 乘以 2，第三位 2 乘以 3，依次类推。然后，我再把所有这些结果相加，并把最后的总数放在每排的最后一个位置上。从中看出什么端倪了吗？我再多给出几个把真实的 ISBN 码进行上述运算后所得出的数字：264，99，253。

现在看出来了吗？以上运算所得出的数字均能被 11 整除。这一点并不是什么离奇的巧合，而是得益于巧妙的数学设计。在 ISBN 码的 10 位数字中，只有前 9 位包含相应的书籍信息，之所以增加第 10 位数字，就是为了让经过上述运算所得出的数字能够被 11 整除。你或许注意到有些书的 ISBN 码上的第 10 位不是数字，而是字母 X。例如，还有一本我很喜欢的书的 ISBN 码就是 080501246X。这里的 X 所表示的其实是数字 10（取自罗马数字）。在这种情况下，我们就要在上述相乘的结果中再加上一个 10 的平方，如此便可得到一个能被 11 整除的数字。

这样一来，如果我在输入 ISBN 码时输错了某几位数字，根据此序列计算出的数字便不能被 11 整除，于是，电脑便会提示输入错误，并引导我再输一遍。即使我把其中的两位数字填颠倒了（这种情况时有发生），电脑同样也会检测到这一错误，从而提醒我输入正确的 ISBN 码，而不是寄给我一本错误的书籍。真够聪明的吧？现在，大家就可以判断出本节标题给出的两列数字中哪个是书籍 ISBN 码，哪个是滥竽充数了。

随着世界各地出版的书籍越来越多，ISBN 码的剩余数量开始告急。业界于是决定，自 2007 年 1 月 1 日起，将 ISBN 码扩充为 13 位。前 12 位依然用来确认书籍信息，包括出版社、出版国家等，而第 13 位数字则继续作为纠错位来使用。不过与以往不同的是，如今的 13 位 ISBN 码经过计算求和之后所整除的数字不再是 11 了，而变成了 10。看下本书背面的 ISBN，它有 13 位数字。把其中第 2 位、第 4 位、第 6 位、第 8 位、第 10 位和第 12 位的数字都相加后再乘以 3。然后再加上剩下的那些数位上的数字。最终的结果将被 10 整除。而如果你在输入的时候填错了数字，通常来说，最终的运算结果都不能被 10 整除。

4.8 密码读心术?

要玩这个游戏，首先需要 36 枚硬币。把其中 25 枚硬币交到一位没有疑心的朋友手上，请对方把所有硬币摆放在一个 5×5 的网格中，正反面随机摆放。最终的结果可能如表 4-6 所示。

表 4-6

H	H	T	T	T
T	T	H	T	T
H	H	H	T	H
T	H	H	T	T
T	T	T	T	T

此时对对方说："一分钟之内，我会请你翻转其中的一枚硬币，正面反面随你。然后我会施展读心术，指出你翻动的那枚硬币。你猜的没错，我的确有可能记下了所有硬币的摆放顺序，好吧，让我们弄得再复杂一点，试试更大的网格。"

随后，你拿出更多硬币，以看似随机的方式添加新的一行和新的一列，使现在的网格变成 6×6=36 的……其实，整个添加过程毫不随机。你现在要做的就是数出每一行每一列中各有多少个反面硬币。如果第一列中的反面硬币的数量为奇数，便在这一列下方再添加一个反面硬币。如果这一列中的反面硬币数量为偶数（在这个案例中 0 也被视为偶数），便在这一列的末端再添加一个正面硬币。

依此类推，把每行每列中的反面硬币数量都变为偶数。此时就只剩右下角还有个空位，同样，还是根据它所在的列中的反面硬币数量来决定这枚硬币的正反。有趣的是，这样同时也会使该硬币所在行的反面硬币数量完成配对（维持偶数或变为偶数）。你能证明出这一点永远正确吗？技巧就是要发现在 5×5 网格中，该数字能告诉你反面硬币的数量是奇数还是偶数。

总而言之，此时的网格会变成如表 4-7 所示。

表　4-7

H	H	T	T	T	T
T	T	H	T	T	H
H	H	H	T	H	T
T	H	H	T	T	T
T	T	T	T	T	T
T	H	H	T	H	H

现在，你可以来变这个魔术了。转过身去，让你的朋友翻转其中的一枚硬币，使正面变反面，或反面变正面。翻好后，你转过身来。聚精会神盯着网格，对他说你将要施展读心术，然后指出被翻转的那枚硬币。

当然，事实上你根本就不是在对你朋友施展读心术。你只不过重新察看原来的那个 5×5 的网格，数出每行每列中正反面硬币的数量。然后注意其中的反面硬币的数量是奇数还是偶数，再把这些结果与后来添加的硬币进行比照，因为这将暗示出每一栏中的反面硬币的成对状况。此时，你的朋友已经翻转了原来 5×5 网格中的一枚硬币，那么，网格中就会有一行和一列与你后来添加的硬币指示的信息不符。找出此行和此列的交汇点，你便能找到那枚被翻转的硬币。

表 4-8 即翻转后的模样，现在你应该能找到哪一枚是被翻转的硬币了吧。

5×5 方格第一列中含有偶数个反面硬币，而你后来添加在此列下方的硬币显示的也是反面，这就说明原本这一列中的反面硬币数量应为奇数。因此，被翻转的那枚硬币就在这列中。

表 4-8

H	H	T	T	T	T
H	T	H	T	T	H
H	H	H	T	H	T
T	H	H	T	T	T
T	T	T	T	T	T
T	H	H	T	H	H

现在再看每一行，其中第二行也出现了不一致的地方：该行中的反面硬币数量为奇数，而你留下的"检测位"却显示原本该行中的反面硬币数量应为偶数。至此，你已经读出了你朋友的心，对他说："你翻转的硬币在第一列，第二行。"话音刚落，四周随即响起由衷的赞叹声和掌声。

如果你朋友翻转的那枚硬币是你后来添加进去的，结果又会怎么样呢？这也没问题。此时，右下角的那枚硬币便会指示出到底是最后一行还是最后一列出现了不一致的情况。如果是最后一行不匹配，你就知道被翻转的那枚硬币位于最后一行，此时，再检查哪一列出现不一致的情况即可。而如果检查下来是最后一列出现不一致的情况，那么被翻转的硬币刚好就是右下角那一枚。

依然如表 4-9 所示，但是其中的一枚新添加的硬币已被你的朋友翻转过。你能找出它吗？

答案为右上角那一枚。右下角的正面硬币说明第六列的反面硬币数量应为偶数——但此时却为奇数。然后再来检查每一行。第一行就不一致，因为第六列的正面硬币表示前五个的反面硬币数量应为偶数，但实际上却为奇数，因此可以确认，右上角这枚硬币就是被翻转的那枚。

表 4-9

H	H	T	T	T	H
T	T	H	T	T	H
H	H	H	T	H	T
T	H	H	T	T	T
T	T	T	T	T	T
T	H	H	T	H	H

以上便是纠错码的工作原理，计算机通过它来纠正讯息传输过程中可能出现的错误。将正反面的硬币分别替换成 0 和 1，转眼之间这些网格就变成数码讯息了。比如，我们最初使用的那个 5×5 的网格中的每一列都可看作一个波德码，通过上述方式，整个网格就变成了一段由 5 个符号所组成的讯息。而新加的行与列则被视为计算机的纠错系统。

举个例子，假如我们要将酷玩第 3 张专辑封面上的加密讯息发送出去的话，也可以使用一种类似的技巧来防止这个 5×4 的网格中的讯息出错。表 4-10 即专辑封面中包含的讯息，我们在此将彩色方块替换为 1，将缝隙替换为 0。

表 4-10

1	1	0	1
0	1	1	0
1	0	0	1
1	1	1	0
1	1	1	1

然后，我们在此基础上新增由 0 和 1 组成的一行一列，用来表示原来网格中每一行每一列中的 1 的数量为偶数还是奇数。

表 4-11

1	1	0	1	1
0	1	1	0	0
1	0	0	1	0
1	1	1	0	1
1	1	1	1	0
0	0	1	1	0

然后，假设在这段信息的传输过程中出现了一个错误，其中的一个数字被更改，那么平面设计师接收到的讯息如表 4-12 所示。

表 4-12

1	1	0	1	1
0	1	0	0	0
1	0	0	1	0
1	1	1	0	1
1	1	1	1	0
0	0	1	1	0

借助于最后一行一列的纠错位，平面设计师便能查找出错误所在。在这里，第二行和第三列出现了不一致的情况。

像这样的纠错方法被应用在各行各业之中，从 CD 制作到卫星通讯等等，不一而足。我们都有过接电话时无法听清对方声音的经历。计算机之间在交流的过程中也会遇到同样的问题，但是，通过使用聪明的数学方法，我们已经成功地想出编码数据的方法，以摆脱此类干扰。这也正是 NASA 在“旅行者 2 号”宇宙飞船传回第一幅土星图片时做的事情。通过对纠错码的使用，他们得以将一幅失真的图片转换为一张无比清晰的照片。

4.9　如何在互联网中实现硬币的公平投掷？

纠错码帮助我们传递清晰明确的讯息。不过，我们常常也需要用电脑来发送秘密的讯息。过去，苏格兰的玛丽皇后、尼尔森勋爵等试图交换机密信息的人们，总要事先与他们的代理人会面以商定一种双方将共同使用的密码。在当今的计算机时代中，我们也常常需要发送一些秘密信息。比如，网上购物时，我们需要向素未谋面的人、向刚刚点击的网站发送我们的信用卡信息。如果依靠以前的方式——人们需要事先见面以商定共用的密码，当然不可能实现互联网交易。幸运的是，数学为我们提供了一种解决方案。

为解释这一点，我们先来看一个简单案例。假设我要在互联网上找人下象棋。我住在伦敦，而对方住在东京，我们想通过投掷硬币来决定谁先谁后。"正面还是反面？"我给对手发了一封电子邮件。他回复说要正面。我掷了硬币。"反面，"我告诉他，"我先来。"可这样怎么能确保在整个过程中我没有撒谎呢？

令人吃惊的是，我们的确可以通过互联网来实现硬币的公平投掷，而个中原理则来自数学中的质数概念。除 2 以外，所有质数都是奇数（而由于 2 是其中唯一一个偶数，所以它是个"奇特的"质数）。而如果我们把这些质数除以 4，则会得到余数 1 或 3。比如，17 除以 4 得余数 1，23 除以 4 则得余数 3。

正如我们在第 1 章中了解到的那样，古希腊先贤们在两千年前便已证明出质数的数量是无穷无尽的。但在所有这些质数中，除以 4 得余数 1 的质数是否也无穷无尽呢，除以 4 得余数 3 的呢？这是皮埃尔·德·费马在 350 年前向数学家们提出的众多挑战之一，但是，这个问题的答案一直要等到 19 世纪才由德国数学家古斯塔夫·勒热纳·狄利克雷给出。

他通过一些无比复杂的数学运算证明出在所有这些质数中,有一半会得出余数 1,另外一半则得出余数 3——不存在谁多谁少的现象。当涉及无穷时,数学家们所说的"一半"也并不是一件容易理解的事情。但是,本质上来说,这说明当我们检查小于某个特定数字的所有质数时,其中会有一半在除以 4 后得出余数 1。

因此,一个质数除以 4 得出余数 1 或 3 的几率和一枚公平的硬币掷出正面或反面的几率没有什么不同。为了更加清楚地解释投掷硬币这个问题,我们现在把两个问题互换一下,用除以 4 得余数 1 的质数表示硬币正面,而用除以 4 得余数 3 的质数表示硬币反面。接下来便是数学的聪明之处。如果我找来 2 个质数,比如 17 和 41,这 2 个都能表示硬币的正面,即两者除以 4 均得到余数 1。现在把这 2 个数字相乘,其结果除以 4 仍然得到余数 1——41 × 17=697=174 × 4+1。如果我找 2 个都表示硬币反面的质数,即除以 4 得余数 3 的质数,比如 23 和 43……那么,结果就有点出人意料了。当我把上述 2 个数字相乘后,所得的数字除以 4 后得到的余数也是 1。23 × 43=989=247 × 4+1。这就说明,从质数的乘积中无法得知原来的质数代表正面还是反面。这一现象可以用在投掷"网络硬币"的过程之中。

掷出一枚硬币,如果显示为正面,我就选择 2 个代表硬币正面的质数,并将这 2 个数字相乘。如果为反面,便选择 2 个代表硬币反面的质数,也将这 2 个数字相乘。掷完硬币及得出乘积后,我就把结果发往位于东京的象棋对手。这个结果是 6497。由于质数相乘的结果除以 4 后所得出的余数永远都是 1,那么他便无法从中辨别出我所选择的质数到底是代表正面还是反面的。现在,他得说出是要正面还是反面了。

要知道最后的结果,我只需将所选的两个质数发给他看即可。相乘得出上述数字的两个质数分别是 89 和 73,均代表硬币的正面。由于相乘得出 6497 的质数除了 89 和 73 以外不可能有其他数字,因此,关于数字 6497，我已经提供了足够的信息证明自己没有作弊，但是，这个过程并不能保证对方没有作弊。

实际上，这么说并不严谨。如果他能破解出数字 6497 是由质数 89 和 73 相乘得出的，那么他便会押硬币正面，但只要我选择的质数足够大（远远大于两位数），那么，即使借助于现有的计算工具，要破解出源质数也几乎是不可能的。类似的原则也应用在信用卡号码在网络传输的加密流程中。

一个简单的难题

现在我已经掷了硬币，分别从硬币的正面和反面堆中挑出 2 个质数，再把这 2 个数字相乘。结果，得出的数字是 13 068 221。那么，你能猜出我刚才掷的硬币是正面还是反面吗？试着在不借助电脑的情况下回答这个问题。（答案在本章结尾处。）

一个很难的难题

要是相乘得出的数字是

5 759 602 149 240 247 876 857 994 004 081 295 363 338 151 725 852 938 901 132 472 828 171 992 873 665 524 051 005 072 817 707 778 665 601 229 693

你还猜出我掷的硬币是正面还是反面吗？这次你可以借助于电脑。

4.10 为何破解数字等同于破解密码?

鲍伯在英格兰经营一家销售足球服的网站。居住在悉尼的爱丽丝想从该网站上购买一件球服,她希望发出的信用卡信息不被其他人看到。鲍伯在他的网站上发布了一种特殊密码,假设该密码为 126 619。这个密码的作用有点像是一把锁住爱丽丝信息的锁的钥匙。因此,当爱丽丝访问这家网站时,她便得到一份这样的密钥,从而将她的信用卡号码"封存"起来。

实际上,在这个流程中,爱丽丝的电脑对数字 126 619 以及她的信用卡号码进行了一种特殊的数学运算。于是,该信用卡号码便得到加密,从而能够公开地通过互联网发送至鲍伯的网站上。(在 4.11 节中,我们将介绍其中的具体运算过程。)

且慢,这里面有个问题吧?毕竟,如果我是黑客,岂不是轻易地就进入鲍伯的网站,获取到同样的密匙并破解出这段信息?但是,这些网络密码的有趣之处就在于,你需要一把不同的钥匙来打开同一扇门,而另外那把钥匙则安全地保存在鲍伯的总部里。

解码密匙即相乘得到 126 619 的那 2 个质数。鲍伯实际上所做的就是挑选了 2 个质数 127 和 997,来创建出他的密匙,而只有用这 2 个质数才能解开爱丽丝电脑对信用卡信息编码时用到的数学运算。鲍伯仅在网站上发布了密匙 126 619,但他牢牢握有 2 个解码质数 127 和 997。

如果我能算出相乘等于 126 619 的 2 个质数,那么我便可以潜入鲍伯的网站,破解信用卡的信息。对我来说,126 619 并不是一个很大的数字,只要一个一个地试,花不了多长时间便能破解出最初的 2 个质数分别是 127 和 997。但是,你永远都无法把这种解法应用在真实的网站中,因为它们选取的密匙总是比 126 619 大得多的数字——这些数字如此巨大，如果采用试错法，找到那对源质数几乎是不可能完成的任务。

对于这一点，数学家们信心十足，他们在多年前就给出了下述的一个 617 位的数字，如果谁能找出其中的 2 个源质数，便可获得 20 万美元的奖励。

25 195 908 475 657 893 494 027 183 240 048 398 571 429 282 126 204
032 027 777 137 836 043 662 020 707 595 556 264 018 525 880 784 406 918
290 641 249 515 082 189 298 559 149 176 184 502 808 489 120 072 844 992
687 392 807 287 776 735 971 418 347 270 261 896 375 014 971 824 691 165
077 613 379 859 095 700 097 330 459 748 808 428 401 797 429 100 642 458
691 817 195 118 746 121 515 172 654 632 282 216 869 987 549 182 422 433
637 259 085 141 865 462 043 576 798 423 387 184 774 447 920 739 934 236
584 823 824 281 198 163 815 010 674 810 451 660 377 306 056 201 619 676
256 133 844 143 603 833 904 414 952 634 432 190 114 657 544 454 178 424
020 924 616 515 723 350 778 707 749 817 125 772 467 962 926 386 356 373
289 912 154 831 438 167 899 885 040 445 364 023 527 381 951 378 636 564
391 212 010 397 122 822 120 720 357

如果你试图通过一个一个质数来尝试破解这个 617 位的数字的话，那么，在找到之前需要尝试的次数要比宇宙中的原子数量还要多。这并不奇怪，这份奖金从未被认领，2007 年，发起人终止了这个项目。

除了几乎无法破解外，这些质数密码还有一个非常新颖的特点，正是这一特点解决了困扰之前所有密码的问题。在质数密码发明之前，传统密码形式像是一个用同一把钥匙锁上和打开的锁。这些互联网密码则是一种新型的锁，上锁和开锁的时候需要使用不同的钥匙。因此，网站可以随意发布上锁的钥匙，只要把开锁的钥匙牢牢握在手里即可。介绍到这里，如果大家还劲头十足的话，就一起来看看这些互联网密码具体的工作原理吧。首先,我们来介绍一个有意思的计算器装置。

4.11 何为时钟计数器?

互联网使用的先进密码实际上是基于数百年前的一个数学发明——时钟计数器,当时连互联网的影子都没出现呢。在 4.12 节中,我们将介绍时钟计数器是如何运用在互联网密码中的,现在先来看一下这些计数器的工作原理。

先看一下 12 个小时的时钟。我们都比较熟悉这类钟表上的加法运算,比如,九点过后再过 4 个小时就会变成一点。这种算法与把这 2 个数字相加后,再除以 12 得余数的算法相同,写法如下:

$$4+9=1(模\ 12)$$

之所以写"模 12",因为 12 是这里的模数,即数字循环的终点。我们不必非得锁定 12 这个数字,也可以针对小时数不同的时钟来进行相似的运算。比如,对于一个只有 10 小时的钟表来说:

$$9+4=3(模\ 10)$$

那么,应该如何在时钟计数器上做乘法运算呢?所谓乘法运算,就是重复一定次数的加法运算。比如,4×9 就是把 4 个 9 小时相加在一起。那么在 12 小时的时钟上,4 个 9 小时相加后,时针停在哪里呢?9+9 等于 6 点。每次加一个 9 小时,就等于将时针向回拨 3 个小时,直到最终回到 12 点。由于 0 在数学中是一个十分重要的数字,因此我们将时钟计数器的这一位置称为 0 点。于是,我们便得到了以下这个看似古怪的结果:

$$4 \times 9=0(模\ 12)$$

那么幂数要怎么算呢？比如 9^4 就是将 4 个 9 相乘。我们刚刚学到如何进行模数的乘法运算，现在这个应该难不倒我们了。不过，由于此时数字已经变得相当巨大，更简单的做法应当是计算出十进制结果后再除以 12 求余数，而不是一圈圈地在 12 小时的时钟上绕。先来算 9×9，结果为 81。那么 81 除以 12 后的余数是多少呢？换句话说，81 点到底是几点？结果还是 9 点。不论我们把多少个 9 乘起来，最终得到的依然是 9 点：

$$9 \times 9 = 9 \times 9 \times 9 = 9 \times 9 \times 9 \times 9 = 9^4 = 9 \text{（模 12）}$$

时钟计数器的计算方式，就是把一个普通计算器上的计算结果除以该时钟上的小时数后再求余数。但时钟计数器的优势在于，有时我们并不需要事先在传统计算器上进行计算。比如，你能否在一个 12 小时的时钟计数器上算出 7^{99} 的值？提示：先计算 7×7，然后在其基础上再乘以 7。这时候，看出什么端倪了吗？

对于小时数为质数（比如 p）的时钟计数器上的运算，费马提出了一项根本性发现。他发现，找来该计数器上的一个数字，求其 p 次幂，最终计算出的结果总是开始的那个数字。这便是费马小定理，命名中的"小"字是为了将其与著名的费马大定理区分开来。

表 4-13 中包含了一些质数时钟或非质数时钟上的运算。

表 4-13

2的幂数	2^1	2^2	2^3	2^4	2^5	2^6	2^7	2^8	2^9	2^{10}
传统计算器上的计算结果	2	4	8	16	32	64	128	258	512	1024
5小时的时钟计数器上的计算结果	2	4	3	1	2	4	3	1	2	4
6小时的时钟计数器上的计算结果	2	4	2	4	2	4	2	4	2	4

比如，5 是一个质数，如果我在一个有 5 小时的时钟计数器上计算 2 的 5 次方，所得出的结果依然是 2。即 $2^5=2$（模 5）。这种神奇的现象只要当时钟上的小时数为质数时都是成立的。而在非质数时钟上，则不一定会成立。比如，6 不是质数，在一个 6 小时的时钟计算器中计算 2^6 所得出的结果就不是 2，而是 4。

随着时针在时钟上划动，出现了一种模式。经过 $p-1$ 步，我们便可确定，下一步后时针将返回到起始点，因此，该模式每 $p-1$ 步重复一次。有时，这种模式也会在 $p-1$ 步中重复好几次。比如，在一个有 13 个小时的时钟上，当我们依次计算 3^1、3^2，一直到 3^{13}，可得到以下数列：

$$3, 9, 1, 3, 9, 1, 3, 9, 1, 3, 9, 1, 3$$

时针并未指向时钟上的每一个时刻，但这种重复模式依然成立，将 13 个 3 相乘之后，时针依然会回到 3 点上面。

我们在第 3 章介绍扑克游戏中用来作弊的完美洗牌法时，也遇到过相似的数学模式。当时，我们通过改变纸牌的数量，进而来确定需要多少次完美洗牌才能够整副牌完全恢复到初始状态。一幅有 $2N$ 张牌的纸牌最多需要 $2N-2$ 次完美洗牌，但有时远不需要这么多次即可完全恢复到初始状态。比如，一副 52 张的纸牌只需要 8 次完美洗牌即可，但一副 54 张的纸牌就需要 52 次完美洗牌才能够恢复到初始状态。

费马从未对这一理论提出完美解释，而是将其作为一项挑战（为何上述运算适用于质数时钟）留给了后世的数学家们。最后由莱昂哈德·欧拉提出相关证据，进而论证了为何上述运算适用于质数时钟。

费马小定理

这里是对费马小定理的一个解释。该定理指出，在一个小时数为质数 p 的时钟上面：

$$A^p = A（模 p）$$

论证过程十分困难，但专业性并不高，要理解它，只要专心看下去即可。

我们先来看一个简单例子。当 $A=0$ 时，该定理是成立的，因为不管我们将多少个 0 乘在一起，最终得到的还是 0。那么，我们就先假定 A 不是 0。接下来我们要开始试着证明在这只时钟上将 $p-1$ 个 A 相乘之后，结果会转到 1 点的位置。如此一来，该定理即可被证实，因为当我们将 1 再乘以 A 后，结果总会得到 A。

首先，我们列出这只时钟上的除 0 点以外的所有整点。共有 $p-1$ 个：

$$1, 2, \cdots, p-1$$

然后将以上的每个数字乘以 A，可得到

$$A \times 1, A \times 2, \cdots, A(p-1)（模 p）$$

下面让我来向你证明为什么这列中的结果必须全部来自于前一个序列，即 $1, 2, \cdots, p-1$，但排列顺序会不一样。如果不是这样，那么或者结果中有一个是 0，或者存在两个一样的结果。此外，便不可能出现任何其他情况，因为该时钟上只有 p 个小时。

假设在 p 小时的时钟上计算出的 $A \cdot n$ 和 $A \cdot m$ 的数值相同，其中 n 和 m 位于 1 至 $p-1$ 的区间中（我将证明为何这一点将推导出 $n=m$）。因此，在这个时钟计数器上，$A \cdot n - A \cdot m = A \cdot (n-m)$ 的值等于零，即在普通计算器中，$A(n-m)$ 的计算结果能被 p 整除。

接下来论证的关键就要围绕 p 是质数这个事实了。数字 $A(n-m)$ 就像一个化学分子，它是由数个构成 A 和构成 $n-m$ 的质数原子相乘得

来的。现在，我们已经知道 p 是一个质数，因此，p 是其中一个无法拆分的数学原子。由于数字 $A(n-m)$ 能够被 p 整除，因此，p 一定是构成 $A(n-m)$ 的其中一颗原子，因为一个数字拆分后得到的质数只有一种可能性。但是，p 无法被 A 整除，因此它必须能被 $n-m$ 整除。即 p 为构成 $n-m$ 的一个质数原子。这又是什么意思呢？这就意味着在这个 p 小时的时钟上，n 和 m 处于相同时刻。我们也可以用同样的论证证明出 $A \times n$ 不可能为零，除非 A 和 n 之中有一个为零。

这里要记住，时钟的小时数是质数这一点是非常重要的，正像我们已知的那样，在一个 12 小时的时钟计数器上看到过 4×9 等于 0 的运算，但是，其中的 4 和 9 都不是零。

现在，我们有 2 个列表——1, 2, $\cdots$, $p-1$ 和 $A \times 1$, $A \times 2$, $\cdots$, $A \times (p-1)$，均由相同的一套数字组成，只是排列顺序有所不同。此时，我们可借助于一个精妙的技巧，费马本人可能也发现了这个技巧。如果把两列中的数字各自相乘，应该会得到同样的结果，因为在乘法运算中，数字的排列顺序并不会对结果产生影响。第一列数字相乘得 $1 \times 2 \times \cdots \times (p-1)$，我们将之写为 $(p-1)!$ 第二列数字相乘后，其中的 A 乘了 $p-1$ 次，再乘以同样的从 1 到 $p-1$ 的乘积。经过稍微调整后，可得到 $(p-1)! \times A^{p-1}$。而这两列数字的乘积在我们的时钟计数器上所呈现的结果相同，于是：

$$(p-1)! = (p-1)! \times A^{p-1} \ （模 \ p）$$

这也就是说，$(p-1)! \times (1-A^{p-1})$ 的结果是能被 p 整除的。但是，从 1 到 $p-1$ 之间的所有数字都无法被 p 整除，因此 $(p-1)!$ 也无法被 p 整除。所以，唯一的可能就是 $1-A^{p-1}$ 能被 p 整除。这就意味着 A^{p-1} 在这只时钟计数器上所得的值必须永远为 1——这便是费马给后世的数学家们留下的难题。

　　上述的论证过程十分有趣。例如，如果 $A \times B$ 能够被一个质数 p 整除，那么 A 和 B 之中必须有一个能够被该质数整除，这一点是由质数的特殊属性决定的。这一推导自然是非常重要的，不过在我看来，其中最美妙的部分则是从两种不同的角度来看待同一条数列 1, 2, $\cdots$, $p-1$。这简直是横向思考的绝妙案例。

4.12　如何利用时钟在网上发送秘密讯息

　　我们现在差不多已经准备好来介绍这些时钟是如何用来在网上发送秘密讯息的了。

　　当在一家网站上购物时，你的电脑会利用网站公开发布的时钟计数器把你的信用卡号码加密，因此，网站需要告诉电脑这个时钟上有多少个小时。这便是电脑接收到的 2 个数字中的第一个。我们将该数字称为 N。在前文提到的鲍伯的足球服网站的例子中，该数字为 126 619。此外，你的电脑还需要另一个密匙数字进行相应的运算，我们将这一数字称为 E。信用卡号码 C 的加密方式，便是在 N 小时的时钟计算器上求出 C 的 E 次幂，从而得到一个加密后的数字 C^E（模 N），这个数字便是你的电脑发送到网站的数字。

　　可是，网站要如何破解这个数字呢？费马的质数秘诀便是其中的关键。假设 N 是一个质数时钟。（稍后我们就会发现该数字还不够安全，但是，它仍能帮助我们理解接下来要讲的内容。）如果我们将数字 C^E 连续相乘足够多的次数，数字 C 便会神奇般地重复出现。但是，我们到底需要把 C^E 相乘多少次(D)呢？换句话说，在一个 p 小时的时钟上，这样的运算——$(C^E)^D = C$ 何时才能成立呢？

当然，如果 $E \cdot D = p$，这一点自会成立。但 p 是质数，因此上述情况不可能存在。此时，只要继续乘下去，就一定会遇到另外一个这样的时刻，使数字 C 重新出现。当我们把幂数提高至 $2(p-1)+1$ 时，信用卡号码便再次出现。将幂数提高至 $3(p-1)+1$ 时，该号码则会再次出现。因此，要破解该号码，我们需要找到一个数字 D，使 $E \cdot D = 1$（模$(p-1)$）。这个公式解决起来就简单多了。麻烦的是，由于 E 和 p 都是公开的数字，因此对黑客来说，寻找到解码数字 D 也不是一件难事。为了更加安全地传输信息，我们必须借助于欧拉的一个发现：采用 $p \cdot q$ 小时的时钟，而非 p 小时的时钟。

如果把时间 C 放在 $p \cdot q$ 个小时的一个时钟上，那么多少个 C 相乘后才能重新变成 C 呢？欧拉发现，$(p-1) \cdot (q-1)$ 步后，这一模式才重复出现。因此，要回到初始时间，就需要计算出 C 的$(p-1) \cdot (q-1)+1$ 次幂，或 $k \cdot (p-1) \cdot (q-1)+1$ 次幂，其中 k 为该模式的重复次数。

现在我们知道，要在一只 $p \cdot q$ 小时的时钟上破解 C^E 的信息，必须找到一个解码数字 D，使得 $E \cdot D = 1$（模$((p-1) \cdot (q-1))$），因此我们必须在一只秘密的有$(p-1) \cdot (q-1)$ 个小时的时钟计算器上进行运算。黑客只知道数字 N 和 E，如果他能找到这种秘密时钟，就必须要破解出其中的秘密质数 p 和 q。因此，破解互联网密码的问题就转换为破解数字 N 的组成质数问题。正如前文讲到的像在网上掷硬币那样的例子时，当数字足够大时，要破解出其中的源质数几乎是不可能完成的任务。

现在我们来看一下互联网密码的执行过程，但是我们需要把 p 和 q 设定为很小的数值，以便更容易地弄明白接下来的事情。假设鲍伯为其足球服网站所选择的质数为 3 和 11，那么，消费者在为信用卡号码加密的过程中所需要使用的公开时钟计算器的小时数应为 33。鲍伯不会公开质数 3 和 11，因为这 2 个数字是破解讯息的关键，但他会公布 33 这个数字，因为该数字代表了他的公共时钟计数器上的小时数。而在鲍伯网站上所公布的第 2 条资讯则是解码数字 E ——假定该数字为 7。任何一位从鲍伯网站购买球服的顾客都会做几乎相同的事情：在一个 33 小时的时钟计数器上计算出信用卡号码的 7 次方。

假设，一名最早的信用卡使用者访问了鲍伯的足球服网站，而且他的信用卡号是 2。那么，在一个 33 个小时的时钟计算器上计算 2 的 7 次方，得出的结果是 29。

要完成以上计算，这里有一个聪明的方法。首先，把若干个 2 相乘：$2^2=4$，$2^3=8$，$2^4=16$，$2^5=32$。随着我们继续计算下去，时钟上的时针会继续在表盘上转动，当我们算到 2 的 6 次方时，时针的转动将超过一整圈。此时，借助于一个小技巧，我们就能使时针看上去像是往回转，而非继续按顺时针方向转下去。我们只需把一个 33 小时时钟计数器上的 32 点称为–1 点。然后，当我们算到 $2^5=32$ 时，接下来的两次乘法则可以用–1 替换 32，最后便会得出–4，即 29 点。这样，我们便免于继续计算 2 的 7 次方，得出 128，然后再用该数除以 33 求其余数。对非常大的数字来说，这种算法对于追求效率的计算机运算来说则是十分宝贵的。

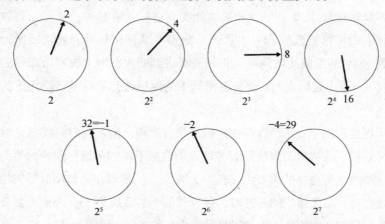

图 4-17　在一个 33 小时的时钟计数器上算 2 的幂数

那么，我们如何确保顾客的加密号码 29 是安全的呢？毕竟，一名黑客能在虚拟空间中拦截到这个号码，并能轻易获取到鲍伯的公开密匙，包括时钟计数器的小时数 33 及计算卡号 7 次方的指示说明。因此，要破解出该号码，黑客要做到的就是找到一个数字，使其在 33 小时的时钟计数器中求 7 次方就可得到数字 29。

毫无疑问，这一点并非那么容易。即使是普通的数学运算，求某个数的平方轻而易举，但反过来确定一个数的平方根则很困难。在时钟计数器上进行幂数的计算更是难上加难。由于运算结果的大小和你开始算起的数字毫无关联，因此，在寻觅的过程中，你很快就会忘记你的出发点。

在上述的例子中，我们采用的数字都很小，因此，黑客可以通过尝试每一种可能的情况进而找到最后的答案。但是，在现实情况中，网站使用的时钟的小时数都是超过 100 位的数字，因此，通过穷举搜索是不可能成功的。这时候你可能会想，如果在这个 33 小时的时钟计数器上解决这个问题都如此艰难的话，为何所有互联网贸易公司都能重新获得消费者的信用卡号码呢？

欧拉有一个更加通用的费马小定理的版本，它能确保神奇解码数字 D 的存在。鲍伯藉此便可以将加密的信用卡数字相乘 D 次后就可得到最初的信用卡号码。但是，只有在知道秘密质数 p 和 q 的情况下，你才能算出 D 的数值。掌握这两个质数便成为解开这一互联网密码秘密的关键所在，因为我们必须在秘密时钟计数器上解决下面的这个问题：

$$E \cdot D = 1 （模((p-1) \cdot (q-1)))$$

当我们把所有数字套进去以后，需要解出以下等式：

$$7 \cdot D = 1 （模(2 \times 10))$$

也就是要找出这样一个数字，它乘以 7 再除以 20 后可得余数 1。$D=3$

时可使其成立，因为 $7 \times 3 = 21 = 1$（模 20）。

如果我们求加密后信用卡号码的 3 次方，那么，原来的卡号便重新出来：

$$29^3 = 2（模 33）$$

要从加密信息中重新找到信用卡密码需要知道两个秘密质数 p 和 q 的值，因此，任何想要破解互联网密码的黑客都需要找到一种方式，帮助他们求出数字 N 的源质数。每一次当我们从网上购买一本书或下载一首歌时，你都在借助于质数的这些神奇属性来保护自己的信用卡账户。

4.13　百万美元难题

编码者们永远试图走在密码破解者们的前面。假设质数密码有朝一日会遭到破解也不用担心，数学家们总是不断发现更聪明的传播秘密信息的方式。一种叫做椭圆曲线密码学的新型密码（简称 ECC），已经被用于保护飞机的航线安全。本章的百万美元难题便与这些新型密码背后椭圆曲线的数学问题相关。

椭圆曲线有很多种，但它们均满足公式 $y^2 = x^3 + ax + b$。每一条曲线对应着不同的 a 和 b 的值：比如，当 $a=0$，$b=-2$ 时，公式则变为 $y^2 = x^3 - 2$。

上述的等式便对应着一条特定的曲线，只要找出一系列的坐标点 (x, y)，我们便可以在坐标纸上画出这条曲线，如图 4-18 所示。先设定一个 x 的值，计算出 $x^3 - 2$，再取其平方根作为对应的 y 值。比如，如果 $x=3$，那么 $x^3 - 2 = 27 - 2 = 25$。要得到 y 的值，我需要取 25 的平方根，因为 $y^2 = x^3 - 2$，因此 y 的值为 ± 5（因为负负得正，一个正数的平方根永远成双成对）。所以，这条曲线将是一条沿横轴对称的曲线，因为所有正的平方根都有一个对应的负平方根。如此，我们便确定了两个点的坐标 $(3, 5)$ 和 $(3, -5)$。

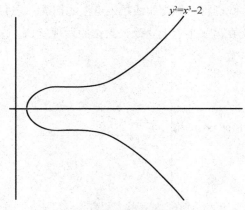

图 4-18 椭圆曲线图

这条曲线上的每个点都非常规整，因为其中的 x 和 y 都是整数。你还能找到其他类似的坐标点吗？我们试试将 x 设为 2。$x^3-2=8-2=6$，于是 $y=\pm\sqrt{6}$。在第一个例子中，25 的平方根为整数，但是在这个例子中，6 的平方根就不是整数。古希腊先贤们早已证实，没有什么分数（更别说整数了）在平方运算后能得到数字 6。如果以小数形式表示 $\sqrt{6}$，那么，它将是一个无穷小数，而且小数点后的数字毫无模式可循。

$$\sqrt{6}=2.449\ 489\ 742\ 783\ 178\cdots$$

本章的百万美元难题便和从这条曲线上找到 x、y 同为整数或分数的坐标点这个问题相关联。大多数情况都不满足这种要求，因为选定一个 x 值后，得出的 y 值很少会是一个整数或哪怕是一个分数，因为大部分数字的平方根都没那么整齐。在这条曲线上找到了(3,5)和(3,-5)这两个点说明我们的运气不错，但是，还有其他这样的点吗？

古希腊人提出了一个绝妙的几何理论，能让我们在锁定一个坐标后继续找出更多的坐标，其中 x 和 y 都是分数。具体方法是，在第一个点上画一条直线，使其不能穿过曲线，而要以准确的角度切过这条曲线，如图 4-19 所示。我们将之称为曲线在该点上的切线。通过延长这根切线，它将和曲线相交在另一个点上。令人兴奋的发现就是，这个新交点的坐标也同样皆为分数。

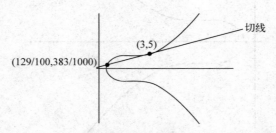

图 4-19　如何在曲线上找到更多坐标都是分数的点

例如，如果我们在椭圆曲线 $y^2=x^3-2$ 上的点 $(x, y)=(3,5)$ 上画一条切线，这条切线将会与曲线上另一个点相交，该点的坐标为 $(x, y)=(129/100,383/1\,000)$，两个坐标值均为分数。而通过这个新坐标点，我们可以重复上述操作，继续找到下一个 x、y 坐标都为分数的点：

$$\left(\frac{2\,340\,922\,881}{45\,427\,600}, \frac{93\,955\,726\,337\,279}{306\,182\,024\,000} \right)$$

如果没有以上这一几何理论的话，人们很难会发现这样的一个分数值 x：

$$x = \frac{2\,340\,922\,881}{45\,427\,600}$$

会推导出一个同样也是分数的 y 值。

在这个例子中，你可以通过持续重复这一几何思路，寻找到无数个坐标值都为分数的点。对于一条椭圆曲线 $y^2=x^3+ax+b$ 来说，如果有一个点 (x_1, y_1)，其中 x_1 和 y_1 都是分数，那么坐标组合：

$$x_2 = \frac{(3x_1^2 + a)^2 - 8x_1y_1^2}{4y_1^2}$$

和

$$y_2 = \frac{x_1^6 + 5ax_1^4 + 20bx_1^3 - 5a^2x_1^2 - 4abx_1 - a^3 - 8b^2}{8y_1^3}$$

将构成曲线上另一个坐标均为分数的点。

对于这个例子中的曲线 $y^2 = x^3 - 2$ 来说，以上两个公式将带来无数个这样的坐标点，但在有些曲线中，我们无法找到无穷多个类似的坐标点。比如以下公式所对应的曲线：

$$y^2 = x^3 - 43x + 166$$

在这条曲线上，只存在有限数量的两坐标均为整数或分数的点：

$$(x, y) = (3,8),(3,-8),(-5,16),(-5,-16),(11,32),(11,-32)$$

实际上，以上坐标值都是整数。不妨试试通过其中的一组数字，运用上面提及的几何或代数手法，找出更多坐标为分数的点。

本章的百万美元难题称为贝赫和斯维讷通-戴尔猜想，题目是能否找到一种方式，能帮助人们分辨出哪种椭圆曲线中包含无数个 x、y 值均为整数或分数的坐标点。

有人可能会说，谁去在乎这种问题的答案？但事实上，我们每个人都应该在乎，因为椭圆曲线中的这个数学问题如今已应用在手机和智能卡中，以保护我们的隐私，此外还应用在航空控制系统中以确保我们的人身安全。通过这种新型密码，我们的信用卡号码或信息以一种聪明的数学方式被嵌入在曲线上的某个点上。为加密讯息，数学家便通过上文提到的几何方式找出一个新的点，然后再把之前那个点移到这个新位置上。

解开这个几何流程则超出了当今数学的能力范围。但是，如果你能揭开本章的这个百万美元谜团，它或许能帮助你破解掉这些新型密码。果真如此的话，你恐怕也不在乎这区区的一百万美元了，因为你已是这个星球上最强大的黑客了。

4.14　答案

替换码解码后的文本

A mathematician, like a painter or a poet, is a maker of patterns.

If his patterns are more permanent than theirs, it is because they are made with ideas. The mathematician's patterns, like the painter's or the poet's, must be beautiful; the ideas like the colours or the words, must fit together in a harmonious way. Beauty is the first test: there is no permanent place in the world for ugly mathematics.

密码如表 4-14 所示。

表　4-14

明文	a	b	c	d	e	f	g	h	i	j	k	l	m
密文	B	A	N	T	S	H	U	F	L	K	X	I	O
明文	n	o	p	q	r	s	t	u	v	w	x	y	z
密文	C	M	Q	P	V	E	D	G	R	Z	W	J	Y

一个简单的难题

答案是正面。13 068 221=3613 × 3617。3613 和 3617 都是除以 4 余 1 的质数。有一种方式可以很快地把该数字分解开来，这是费马发现的一个方法。3615 的平方是 13 068 225，与我们所探求的数字相差 4，而 4 也是一个平方数。这时可运用一个几何运算法则，$a^2-b^2=(a+b) \times (a-b)$，由此可得出：

$$13\ 068\ 221=(3615)^2-2^2=(3615+2) \times (3615-2)=3613 \times 3617$$

第 5 章
预测未来

如果时间旅行是可能的，那么，预测未来就轻而易举了——我就可以从明年穿越回来，告诉你未来发生了什么事情。遗憾的是，我们还不知道如何穿越时空，而人们所宣称的那些能够预测未来的方法，比如观察水晶球、掷天宫图等全是无稽之谈。如果你真想知道明天、明年或更久远的下个千年会发生什么事情，你最好还是要依赖数学。

数学可以预测小行星是否会撞击地球，太阳还能持续发光多长时间。不过，也有一些事情甚至连数学也很难预测。比如，现在有一些公式能描述天气、人口增长状况及运动中的足球背后的气体湍流状况等，但是，还有其他公式我们还没弄明白。谁能破解本章中的湍流公式并预测出接下来要发生什么事情，谁就能得到百万美元。

数学预测未来的能力为那些理解数字语言的人们注入了巨大能量。从古代预测夜空中行星运行轨迹的天文学家到今天预测股票市场价格走势的对冲基金经理，他们无一不是在借助于数学窥探未来。圣奥古斯丁当年就认识到了数学的能量，因而发出下列警告：

> 小心那些数学家，小心那些发出空头预言的人。危险近在眼前，数学家已与魔鬼订立了契约，试图吞噬人们的心灵，进而将人类拖入地狱之中。

尽管一些现代数学理论的深奥程度确如恶魔附体，但是，数学家所做的并不是将人类困于黑暗之中，而是持续不断地探索新知，以便弄清楚未来发生的事件。

5.1　数学是如何搭救丁丁的?

在埃尔热的漫画书《太阳神的囚徒》中，年轻的比利时记者丁丁误闯太阳神庙，被印加部落的人囚禁起来。印加人要将丁丁和他的朋友阿道克船长和卡尔库鲁斯教授烧死在木桩上。放在木柴上的放大镜聚焦太阳光从而引燃木桩。虽然他们允许丁丁选择执刑时间，但他能否借助这一点来拯救他自己和朋友们的生命呢?

丁丁做了一系列的数学运算后，发现几天之后该地区将出现一次日食，于是，他便把行刑时间设在日食发生的时间段内。(事实上，做这些数学运算的另有其人，丁丁只是在一份剪报上看到了这个消息。)就在日食即将发生之前，丁丁喊道:"太阳神不会听到你们的祷告! 伟大的太阳，若不愿我辈赴死，请赐降福信!"说话间，正如数学运算预测的那样，太阳消失不见了，部落里的人们大惊失色，立即释放了丁丁和他的朋友们。

数学是一门发现模式的科学，而这正是它能够预知未来的原因所在。在古代，观测星空的天文学家们很快意识到，月亮、太阳及行星的运行轨迹是循环往复的。许多文明都利用这些天体模式来划分时间。由于太阳和月亮在天空划过时遵循一种奇妙的切分节奏，出现了各种不同的历法。不过，这些历法有一个共同点，即数学在其中都发挥了重要的作用，人们通过数学记录下月亮和太阳的运转周期，并以此来标记时间。其中，数字 19 在确定每一年复活节等节日的具体日期时发挥了重要的作用，这一点十分有趣。

所有这些历法中的基本单位都是一天 24 个小时。24 小时并非地球自转一周的时间，后者稍短一点，为 23 小时 56 分 4 秒。若我们把这个稍短一点的时间设定为一天的时间，那么，我们的时钟将和自转的地球逐渐脱节，因为多出来的 3 分 56 秒将日积月累，直到有一天，当时钟指向正午的时候，我们却在经历午夜。因此，为计时的需要，我们将一天（或更准确地说，一个太阳日）确定为太阳回到天空中同一位置所需的时间，同一位置的参照点是我们在地球表面的某一点上看到的。在一次自转之后，地球将沿其轨道移动 1/365 个循环，因此，它需要继续自转 1/365 的幅度，即 1/365 天（约为 3 分钟 56 秒）的时间，才能使太阳回到天空中同一个位置上。

再精确一点的话，地球需要 365.2422 个这样的太阳日才能围绕太阳旋转一周。格里高利历法（即多数国家所使用的历法）正是建立在这一周期的近似值之上的。多出的 0.2422 接近四分之一，因此，每过 4 年就在格里高利日历中增加 1 天，从而大体上与地球围绕太阳轨道旋转的步调保持了协调一致。不过，由于 0.2422 并非真正的四分之一，因此，在历法中还要做一些微调：每过 100 年，我们会替换掉 1 个闰年，而每过 400 年，则要停止替换，保留这样一个闰年。

伊斯兰历法采用的的则是月球周期。其历法中的基本单位为太阴月，12 个太阴月构成 1 个太阴年。太阴月以麦加上空的新月初现为始，约有 29.53 天。这样算下来，1 个太阴年要比 1 个太阳年短了 11 天。365 除以 11 约等于 33，因此，要花 33 年的时间，斋月才能在太阳年中走过一轮，这也正是为何斋月逐渐溜走的原因了，正如格里高利历法推算的那样。

犹太人和中国人的历法则是将两者搭配起来使用，同时借鉴了地球围绕太阳旋转的周期和月亮围绕地球旋转的周期。他们通过每过大约 3 年时间添加 1 个闰月的方式来构建历法，其中的运算关键则要仰赖这个神奇数字 19。19 个太阳年($=19 \times 365.2422$ 天)和 235 个太阴月($=235 \times 29.53$ 天)几乎完全吻合。在中国历法中，每 19 年的轮回中有 7 个闰年，以保持阳历和阴历的协调一致。

数字 19 在丁丁的运算中也发挥着十分重要的作用，因为日食月食的出现顺序也是以 19 年为周期而循环往复的。上文中《太阳神的囚徒》的这一情节基于的其实是一桩著名的历史事件：1503 年，当探险家克里斯多弗·哥伦布和他的船员在牙买加身陷困境时，便是利用月食（并非日食）让整个团队摆脱了危难。起初，本地人对哥伦布的船队十分友善，后来却充满敌意，并拒绝向他们提供食物补给。面对饥饿的部下，哥伦布想出了一个巧妙的计划。他翻阅历书（海员航海使用的一本书，其中包含对于潮汐、太阴周及恒星位置的预测）发现将在 1504 年 2 月 29 日这一天出现月食。哥伦布在月食降临前 3 天召集当地民众，并恐吓他们：如果他们不提供补给，他就让月亮消失不见。

下次的日食/月食何时出现？

如果知道一次日食/月食的时间，你便可通过数学公式计算出另外一次出现日食/月食的时间。这些运算要依赖两个重要的数字。

第 1 个数字就是太阴月的组成天数 29.5306 (S)。这是月球围绕地球一周并返回同一位置（相对于太阳）所需的平均时间。它是两轮新月之间的时间间隔。

第 2 个数字则是交点月的组成天数 27.2122 (D)。月球围绕地球旋转的轨道面和地球围绕太阳旋转的轨道面之间有一个细微的倾斜角度。两条轨道相交于两个位置，我们称之为月球轨道交点，如图 5-1 所示。交点月即月球旋转一圈，并再次回到第一个交点所用的平均时间。

只要能找到任何一对整数 A 和 B，能使 $A \times S$ 和 $B \times D$ 所得的值十分接近，那么自你看到最后一次日食/月食 $A \times S \approx B \times D$ 天之后便会出现另一次日食/月食。依此类推，再经过 $A \times S \approx B \times D$ 天后，还会再出现一次日食/月食。这种日食/月食序列还会持续一段时间，但是，由于以上等式并不完全相等，因此，这些日食/月食的效果会越来越不明显，直到太阳、月亮和地球不再连成一条直线为止。此时，这一特定的日食/月食周期便终结了。

图 5-1　月球轨道与地球轨道相交于两点，分别称为升交点和降交点

举例来看：当 A=223 个太阴月，B=242 个交点月时，$A \times S$ 和 $B \times D$ 的值非常接近，因此，每个日食/月食之后的每 223×29.5306≈242×27.2122 天便会出现另外一次可辨识的日食/月食。这段时间大约为 6585又 1/3 天，即 18 年 11 天 8 小时。8 个小时的时差表明，我们将在地球的其他位置上看到之后的 2 次日食/月食。但是，第 3 次仍会出现在同一地点，因此，每经过 3 个 18 年 11 天 8 小时，即大约 19 756 个完整日后，在同一地点将重现同样的日食/月食。

例如，2010 年 12 月 21 日在北美观测到的月全食便是 1992 年 12 月 9 日在欧洲所观测到的月食的重现。而上一次在美国观测到月全食则是在 1956 年 11 月 18 日。介于这些日期之中也曾出现过其他月食，但它们都属于其他月食周期。数学能够帮助我们计算出每个周期中的下一次月食/日食出现的时间。

补给并没有送来——这些本地人不相信哥伦布拥有令月亮消失的力量。但是，在 2 月 29 日当晚，当月亮从地平线升起时，人们看到月亮已经缺了一角，就像被咬过一样。据哥伦布的儿子费迪南德描述，随着月亮逐渐从夜空消失，这些人大为惊恐，"嚎哭声、悲泣声，响彻云霄，人们从四面八方蜂拥至舰队停泊之地，运来满满的补给品，哀求这位海军上将代表他们向他的上帝讲和"。通过精确的计算，哥伦布准确把握着月亮重现的时间，并有意在月亮回归正常之时表现出对本地人的宽恕。或许这个故事的真实性有待考量，或许是西班牙人为了将聪明的欧洲征服者和本地无知的原住民进行对比而有意编撰出这个故事。不过，故事的核心仍表现出了数学的强大力量。

数学预测夜空的能力要依赖于发现这些循环模式。那么，我们要如何预测新事物呢？下面，我们就来介绍一些人类通过数学公式来窥视未来的故事，首先来看对于简单物体（如足球）运动状况的预测。

5.2 同时抛下一片羽毛和一只足球，哪个会先着地？

答案当然是足球。要预测这一点并不需要你成为世界级的数学家。但是，如果同时抛下的是两只同样尺寸的足球呢，其中一只足球内灌满铅，另一只充满空气，此时结果又会如何呢？对大部分人来说，第一反应一定是觉得灌了铅的足球会先着地。这一点正是史上最伟大的思想家之一亚里士多德所坚信的。

在一个真实性存疑的实验中，意大利科学家伽利略证实了这种直觉式的推断是完全错误的。他在世界知名的比萨斜塔做了这项实验。这里很适合做抛物实验，伽利略在塔顶将物体丢下，而他的学徒在地面观察哪件物体首先着地。实验证明亚里士多德的想法是错误的：两个质量不同的球体会同时坠落至地面。

伽利略意识到物体的质量在坠落的过程中并不起作用。使羽毛下坠缓慢的原因是空气阻力，如果把空气抽走，那么，羽毛和球将会以同等速度下落。在不含空气的月球表面便可对这一理论进行检测。1971 年，阿波罗 15 登月计划的指挥官大卫·司各特重新做了伽利略的实验，他们将一把地质榔头和一根鹰的羽毛同时丢下。由于月球的球心引力较小，两样物体的下落速度比在地球上慢得多，不过，正如伽利略预测的那样，两样物体的确同时坠落在了月球表面上。

正如宇宙飞行指挥员后来所说的那样，实验结果是"值得信赖的，考虑到目睹到这一实验的观众数量，而且，实验中所证明的特定理论的有效性也决定了这次月球之旅的顺利返航"。这也是千真万确的：由于太空飞船受到地球、太阳、月球和其他行星引力以及飞船引擎的牵引和推动，因此，如果没有数学公式来计算出太空飞船的飞行路径，空间旅行则是无法规划的。

NASA 在月球上做的伽利略实验可参见网址 http://bit.ly/Galileoprediction。

在发现物体质量与下落速度无关以后，伽利略进而设想能否预测出物体下落所需的时间。然而，物体从斜塔这样的高度坠落下来的速度过快，无法对时间进行精确测量，因此，伽利略决定观察球体从斜坡上滚落下来时速度的变化。他发现，如果一个球体在 1 秒钟内滚过 1 个单位的距离，那么 2 秒钟后，它将滚过 4 个单位的距离，3 秒钟后则滚过了 9 个单位的距离。于是，他预测经过 4 秒后，球体滚过的距离应该为 16 个单位。换句话说，球体滚过的距离和它下落时间的平方成正比。用数学符号表示如下：

$$d = \frac{1}{2}gt^2$$

其中 d 为下落距离，t 为时间。因数 g（称为重力加速度）表示一个下落物体的竖直速度是如何在每秒发生改变的。比如，一只从比萨斜塔顶端下坠的足球，1 秒后的速度为 $1/2g$，2 秒后的速度为 $2g$，依此类推。伽利略的公式是首个用来描述自然现象的数学公式之一，而这种对于自然的描述理论便发展为人们日后所称的物理学。

以这种方式来运用数学思想彻底改变了我们看待世界的方式。人们以前只通过日常话语来描述自然，那种描述可能十分模糊不清——你可以说出某个物体正在下坠，但无法指出其落地的时刻。借助于数学语言，人们不仅可以更加准确地描述自然，同时还能够预测出其未来的演变。

探索出球体的下落规律后，伽利略又开始探索球体被踢出后的运动状态。

5.3 为何说鲁尼每次接应射门成功，就解出了 1 个二次方程呢？

"贝克汉姆开出任意球，为鲁尼划出了一条适时而完美的曲线……球进了！！！"

鲁尼是怎么做到的呢？你或许不会这么想，但要射进这样的球，他的数学一定好到不行。每一次接到贝克汉姆踢出的任意球，他都在下意识中解出了另一个伽利略所构架出来的方程式，即伽利略用来预测球体走势的公式。

方程式就像是食谱，我们找来一些食材，以某种特定方式把它们混合在一起，然后烹调出一道美味来。要构建出鲁尼所求解的公式，伽利略需要以下食材：足球离开贝克汉姆脚背时的水平速度 u 和竖直速度 v，重力的效果，即数字 g 的意涵，通过该数值，鲁尼便能确认这颗足球的竖直速度在每一秒的变化情况。而 g 的数值取决于球员置身的星球，在地球上，重力所产生的加速度为每秒 9.8 米/秒（约为 22mph/秒）。伽利略的公式同时还告诉鲁尼，接球时球的高度与接球的位置是相关的。比如，如果足球位于距离贝克汉姆击球点 x 米的距离，那么此时它距离地面的高度则为 y 米：

$$y = \frac{v}{u}x - \frac{g}{2u^2}x^2$$

在这里，食材即一系列的数学指示，通过这些指示，我们知道如何运用这些数字，而最终的美食则是球体位于轨道中特定位置时的高度。

鲁尼若要确定出他应该站在多远的位置上，以将球踢进或顶进球门，他必须一步步向回求解，解出该方程。首先，假设他决定用头球进攻。鲁尼身高一米八零，因此球体的高度必须在 $y=1.80$ 的高度他才可以顶到（不依靠起跳）。他知道 u、v 及 g 的值。我们姑且取一些近似数值：

$u=20, v=10, g=10$

（速度 u 和 v 的单位为米/秒，加速度 g 的单位为米/秒²。）

鲁尼唯一不确定的是要站在离贝克汉姆多远的位置才能成功拦截到这个球。公式便将这一讯息编码在了其中，只是没那么明显罢了。根据公式，鲁尼应该站在距离贝克汉姆 x 米的位置，而 x 正是该公式中的未知数：

$$1.8 = \frac{10}{20}x - \frac{10}{2\times 400}x^2$$

稍微调整一下，便可得出：

$$x^2-40x+144=0$$

这类方程式大家应该很熟悉了，这就是我们都在学校学过的二次方程式。我们可以将其视为一个神秘填字游戏的线索，其中隐藏着 x 的真实数值。

令人吃惊的是，最早求解此类方程的是古巴比伦人。他们的方程式并非用来描述足球的轨迹，而是为了测量幼发拉底河周边的土地。当我们试图确定某些自身与自身相乘的数值时便会遇到二次方程。之所以把这种运算称为平方是因为它会创造出一块正方区域，而这种二次方程的首次成型也的确是在计算一块土地面积的时候。

举一个典型例子。如果一个长方形区域的面积为 55 个平方单位，而该长方形的一条边比另一条边短 6 个单位，那么其中较长的那个边的边长是多少？在此，设长边的边长为 x，可以得到 $x(x-6)=55$，简化之后：

$$x^2-6x-55=0$$

接下来，我们要如何解开这一数学密语呢？

古巴比伦人想出了一个很简单的方法：他们将这一长方形切分开来，然后重新将碎片拼成一个正方形，后者相对容易处理。我们现在也可以像数千年前的巴比伦文书中所记载的那样来操作一下（如图 5-2 所示）。

首先，从长方形一端切下一块面积为 $3\times(x-6)$ 的小长方形，然后将其移至长方形的底端。整个长方形的面积并未改变，只是形状变了。新形状几乎就是一个边长为 $x-3$ 个单位的正方形，但是，其中的一个角上缺了一个 3×3 的方块。如果将这个方块补齐，便是在原有面积的基础上增加了 9 个单位。因此，整个大区域的面积变为 $55+9=64$。现在我们只需取 64 的平方根来表示正方形的边即可。于是 $x-3=8$，$x=11$。尽管我们所做的只是在头脑中想象土地的切割和转移，但是，这一思想背后隐藏着此类隐秘二次方程式的一种通用解法。

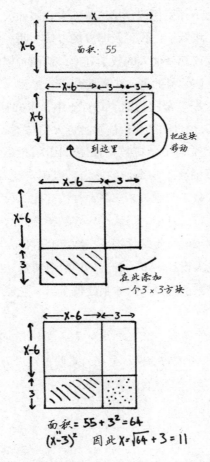

图 5-2 如何通过补全方块的方法来解二次方程式

自公元 9 世纪在伊拉克发明代数以来,巴比伦人的这一思想便可通过公式表述出来。代数这门学问是由巴格达智慧宫的院长穆罕默德·伊本·穆萨·花剌子密发展出来的。智慧宫是当时顶级的学术中心,世界各地的学者趋之若鹜,纷纷前往研习天文学、药学、化学、动物学、地理、炼金术、占星术以及数学等各种学问。穆斯林学者们收集并翻译了许多古代典籍，为子孙后代保存了这些文本，假如没有他们，恐怕我们也无法知晓希腊、埃及、巴比伦及印度的古代文明。但是，智慧院的学者们并不满足于仅仅翻译他人的数学理论，他们希望创造出属于他们自己的数学，以推动该学科的进一步发展。

实际上，在伊斯兰帝国初期的几百年中，求知欲是被积极提倡的。《古兰经》中有言，尘世间的知识能够拉近人们与圣贤知识之间的距离。实际上，伊斯兰教徒需要掌握数学技能，因为虔诚的穆斯林需要计算出祈祷的次数，及需要了解麦加的方向，以确定朝着哪个方向祈祷。

花剌子密的代数为数学带来了革命性的变化。代数是一门解释数字行为背后模式的语言，其中的语法决定着数字之间的交互方式。它有点像程序运行所需的编码，不管你把什么数字套进该程序中，它都能够运行。尽管古巴比伦人设计出了一种巧妙地解决特定二次方程式的方法，但是，正是花剌子密的代数公式才最终催生出了能够解出任何二次方程的公式。

这样一来，当你遇到一个二次方程式 $ax^2+bx+c=0$（其中 a、b、c 为数字），只要通过几何式的杂耍，上述公式便可转换为方程左边为 x，右边为一个包含数字 a、b、c 的食谱配方：

$$x = \frac{-b \pm \sqrt{b^2 - 4ac}}{2a}$$

鲁尼正是通过上述公式来解出这一控制球体飞行的方程式的，并因而确定出他自己需要站在多远的地方才能接到球。我们刚才假定他要站在距离任意球踢出位置 x 米远的地方，其中 x 满足以下公式：

$$x^2-40x+144=0$$

通过代数算法，即可求出 $x=36$，因此，他应当站在离贝克汉姆 36 米的位置来顶这个球。

这是怎么算出来的呢？在表示贝克汉姆任意球曲线的方程式中，$a=1$，$b=-40$，$c=144$。因此，通过求解公式，我们可以算出距离：

$$x = \frac{40 + \sqrt{1600 - 4 \times 144}}{2} = 20 + \frac{\sqrt{1024}}{2} = 20 + 16 = 36\text{m}$$

有趣的是，由于 1024 还有另外一个平方根–32，因此，我们还会得到另外一个结果：$x=4$ 米。该距离所对应的点是足球还在上升轨迹中的点，而鲁尼要知道的则是足球下落时的位置。因为在求平方根的过程中，我们总是会得到一正一负两个值，因此，通过上述公式求解时总会得到两个结果。为说明这一点，有时候我们会在根号前面放一个 ± 标志，而非只有符号+。

当然，鲁尼更多靠的是直觉，因此，在长达 90 分钟的比赛中，他不需要一直做心算。但是，这仍显示出人类大脑在进化过程中获得了料事如神的能力。

5.4 为何回旋镖会飞回来？

物体在旋转时，总会发生奇怪的事情。当我们一脚踢在足球偏中心的位置时，足球便会在空中发生一定角度的偏转；而将一只网球拍抛向空中时，在我们抓住它以前，它也会不停地旋转。一只旋转的陀螺似要借助于水平运动才能摆脱重力的牵引。诸如此类。其中的经典案例要属回旋镖飞去又飞回的方式了。

旋转物体的动态是一个十分复杂的问题，已经困扰了一代又一代的科学家。但是，我们现在已经知道，回旋镖之所以会返回是由两不同因素决定的。其一和飞机机翼的提升力有关，其二则被称为陀螺效应。数学公式可帮助解释并最终预测出机翼是如何积聚起提升力，从而抵御重力牵引的。飞机机翼在设计上有意使机翼上方的空气流速比机翼下方的流速更快。只有这样，机翼上方的空气才被挤压，而且更快地掠过机翼。其中的原理和水流经管道的情况是一样的：管道越细，水的流速就越快。

第 2 个公式，称为伯努利公式，表明机翼上方的气流速度越快，压力便越小，而机翼下方的气流速度越慢，压力则越大。这种上下两端的压力差便创造出了提升飞机所需的力量。

若仔细观察经典回旋镖的形状，你就会发现每一只镖臂均依照飞机机翼的形状设计而成，这一点便是回旋镖转向的原因所在。要想使扔出去的回旋镖能飞回来，在扔回旋镖的时候要竖着拿（将其想象为一架飞机），使其右翼在上，左翼在下。和提升飞机机翼相同的力量便会将回旋镖引向左边。

不过这里还有一些更微妙的东西。如果回旋镖的形状和飞机的形状相同，那么，它将被牵引至左边，而不会飞回来。之所以会飞回来，是因为在掷出的时候，回旋镖上被施加了旋转力，这样陀螺效应便会在此刻发挥作用，向左牵引的力会不断改变方向，于是，回旋镖便会沿着一个圆弧曲线运行。

在掷出回旋镖的一瞬间，上半部分向前旋转，下半部分向后旋转。上半部分就像飞机机翼一样，更快地穿行在空中。在一架水平飞行的飞机上，这种更快速的运动会创造出更多的提升力。但是，对于一只垂直掷出的回旋镖来说，它就会使回旋镖倾斜，其上半部分会向着圆弧曲线的内侧倾斜。

此时，陀螺效应要开始发挥作用了。当我们将一只转动的陀螺放在一个竖直的架子上，它表现得就像一顶帽子。如果我们使其倾斜，并使其旋转轴与竖直线成一定角度，便会发生一种称为旋进的现象：陀螺的旋转轴本身也开始旋转。回旋镖的道理也是一样，其旋转轴可被视为其中心位置的一根虚线，随着这根轴线的转动，回旋镖便会沿一个圆弧的轨迹穿行在空中。

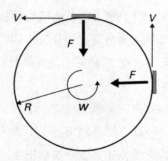

图 5-3 施加在回旋镖上的力。其中,F 为提升力,V 是回旋镖中心点的运动
速度,R 为回旋镖运动轨迹的半径,W 则是旋进角速度

　　每个玩过回旋镖的人都应该知道,要让它顺利返回并非易事。掷出
时的速度 V 和掷出时所赋予的旋转角速度 S 必须要满足以下公式:

$$axS = \sqrt{2V}$$

其中 a 为回旋镖的半径,即从中心到尖端的距离。通过增加掷出时手腕
的力道,便可增加 S 的值,使上述公式能够成立。

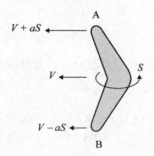

图 5-4　旋转起来后,回旋镖的顶端 A 的运行速度高于底端 B

　　回旋镖倾斜的角度取决于前进时顶端速度与底端速度的差异。顶端
的飞行速度为 $V+aS$,而底端的飞行速度为 $V-aS$,其中 S 为衡量回旋镖

绕着中心旋转的角速度（见图 5-4）。因此，通过改变 V 和 S 的值，便可改变回旋镖的倾斜角度，而 V 和 S 的值将改变回旋镖的旋进速度，回旋镖将以速度 V 沿其圆弧轨道飞行。如果你掷出的回旋镖没能安然返回，或许是因为你没能掷出与速度 V 相关的正确的角速度 S，而上述公式则帮助你做出相应的调整。

　　一旦你掌握了顺利收回回旋镖的技能，那么，是否可以试着更用力一些，让飞镖转得更快一点，使其划出一个更大的弧线呢？我们可以将计算回旋镖飞行半径的数学公式一点点拼贴出来。同样，这里的公式还是像食材搭配出来的食谱，将所有定义这枚回旋镖及其飞行状态的因素结合起来，便可求解出飞行的半径。以下即所有的食材。

- ❑ J，回旋镖惯性矩，该数值所衡量的就是转动回旋镖时需要使用多大的力；回旋镖越重，J 的值越大，另外，惯性矩也取决于回旋镖的形状。
- ❑ ρ，回旋镖飞行穿过的空气的密度。
- ❑ C_L，升力系数，衡量回旋镖受到的提升力的大小，该数值取决于回旋镖的形状。
- ❑ π，3.14159…
- ❑ a，回旋镖半径

回旋镖飞行半径的大小 R 可通过将上述食材按照下列的食谱搭配后表述出来：

$$R = \frac{4J}{\rho C_L \pi a^4}$$

　　通过以上公式，我们看出，即使用力更快速地投掷回旋镖，也不能改变其飞行轨道的半径，因为速度并未出现在上述食谱中。但是，如果我们在回旋镖的两端各贴上一块橡皮泥以增加其重量，又会如何呢？根据以上公式，重量的增加将增加惯性矩 J 的值，后者则会使半径 R 变大。因此，回旋镖越重，其飞行半径便越大。如果要在封闭空间内投掷回旋镖，了解上述信息还是有必要的。

读者可从本书配套网站下载相关 PDF 文件，其中介绍了如何制造出自己的回旋镖。

能否让一颗鸡蛋抵御重力牵引？

拿来一颗煮熟的鸡蛋，把它平放在桌子上，再让它旋转起来，鸡蛋竟能奇迹般地立起来，仿佛脱离了万有引力的牵引。更奇怪的是，当我们再找来一颗生鸡蛋重复上述操作时，神奇的站立情况并未发生。

直到 2002 年，数学家们才给出对该现象的解释。转动产生的能量经过鸡蛋与桌面发生的摩擦，转换为势能，在后者的作用下，鸡蛋重心上移。若桌面没有摩擦力或摩擦力太大，上述情况就不会发生。在生鸡蛋的旋转过程中，部分势能被鸡蛋内的流体吸收，从而没有足够的势能将鸡蛋提升起来。

5.5 为何钟摆不再像最初那样容易预期？

利用数学进行预测的大师伽利略是首位破解出钟摆摆动之谜的人。故事要追溯至伽利略 17 岁的时候，当时，他正在比萨大教堂参加弥撒。无聊之极，伽利略抬头盯着天花板发呆，忽然看到天花板上一盏吊灯随着穿堂而过的微风轻轻摇摆。

伽利略决定记下吊灯从一端摆至另一端所用的时间。那时他还没有手表（尚未发明），因此他用自己的脉搏来记录这种摆动。结果，他有了一个重大发现，这就是，吊灯摆动一次所需的时间似乎和摆动幅度并无关联。换句话说，增加或减小摆动幅度，摆动所需的时间基本毫无变化。

（之所以加上"基本"，因为一旦我们钻研得更深一点，问题就会变得更复杂。）当风势越来越大，吊灯摆动的弧度也越大，但耗时和风欲停时几乎不再摆动的吊灯摆动周期一样。

这是一项十分重大的发现，它进而催生了用来记录时间流逝的钟摆。在启动一只钟表时，将钟摆摆出多远并不重要，因为摆动一段时间后，其角度自会变小。那么，钟摆的摆动时间到底是由什么决定的呢？当钟摆重量增大，或长度增长时，能否预测出摆动情况的变化趋势呢？

根据伽利略的比萨斜塔试验，我们或许能猜出，更重的钟摆并不会摆动得更快，钟摆的摆动并不取决于其重量。不过，钟摆长度的增加的确会对摆动周期产生影响。将钟摆长度增加为原来的 4 倍后，其摆动周期将加倍。长度增加为原来的 9 倍后，摆动周期变为之前 3 倍；长度增为 16 倍，周期变为 4 倍。

同样，我们也可以用公式来表述这一规律。钟摆的摆动时间 T 和钟摆长度 L 的平方根成正比：

$$T \approx 2\pi\sqrt{\frac{L}{g}}$$

实际上，这只是伽利略斜塔抛球试验公式的另一种写法，其中 g 依然代表重力加速度。但之所以上述公式中用的是≈而非=，以及上文中加入"基本"两字的原因都在于，这只是对钟摆从一边摆至另一边所需时间的一个近似计算。只要摆动幅度不是太大，运用这一公式来预测其运动规律都是可行的。但如果摆动的幅度非常大（如果我们以近乎垂直的角度松开钟摆），那么这里面的数学运算就会变得更加复杂。此时，钟表的起始角度便会对摆动时间产生影响，这一点伽利略并未考虑在内，因为教堂里的吊灯不可能出现如此大幅的摆动。同样，我们也没有将那种巨大的老式座钟考虑进来，因为这类座钟的摆动幅度过小了。

　　当钟表摆动幅度过大时，要找到一个公式来准确表述钟摆的摆动情况，这样的数学公式已经超出了大部分数学学位的课程内容。以下是该公式的起始部分。实际上，有很多种因素会对此时钟的摆动情况产生影响。θ_0 表示钟摆起始时与竖直线条之间所成的角度。

$$T = 2\pi\sqrt{\frac{L}{g}\left(1 + \frac{1}{16}\theta_0^2 + \frac{11}{3072}\theta_0^4 + \cdots\right)}$$

　　上述公式已经相当复杂，但和预测稍做改动后的钟摆的摆动这个问题相比，其复杂程度则是小巫见大巫了。如果不再让竖杆来回摇动，而是设想在一只钟摆下面再挂一只钟摆，整个形状很像一条腿的上下两部分，中间由膝盖连接，要预测出这一双钟摆的运行状态则是一件极其复杂的任务。并不是说公式有多么复杂，而是对公式的求解十分难以预料：将钟摆的初始位置稍作调整，最终的结果便可能有天壤之别。原因就在于双钟摆系统中包含一种被称做混沌的数学现象。双钟摆并非仅仅是一个供人消遣的桌面游戏，其背后的数学理论对于一个影响人类未来的问题有着某种重要的因果关联。

许多网站都有计算机模拟的双钟摆系统。

试着预测一下，底下那只钟摆是否能顺时针或逆时针摆动从而穿过顶上那只钟摆。要做出这样的预测几乎是不可能的。

要制作自己的钟摆系统，详见相关网址。

5.6 太阳系会分崩离析吗？

自伽利略首先研究自由落体和钟摆现象以来，数学家已创造出成千上万个公式，来描述自然界中的各种行为状态。这些公式构成了现代科学的基础，并被人们称之为自然法则。在数学的帮助下，人类得以打造出我们当今居住其间的复杂的科技世界。工程师依靠公式来确保桥梁不会坍塌，以及飞机平稳穿行云端。你或许认为从目前介绍的内容来看，对于未来的预测永远不是一件难事，但事情并非永远这么简单——正如法国数学家昂利·庞加莱所发现的那样。

1885 年，瑞典和挪威的奥斯卡二世国王为一个问题的解答提供了2500 克朗的奖金，这个问题便是太阳系究竟会像发条一样持续运作下去，还是存在某种可能性——地球将在未来的某个时刻脱离太阳轨道，飞入浩渺的太空深处。任何一个能够就此问题建立起坚实数学论证的人都会得到上述的那笔奖金。庞加莱认为自己能找到答案，于是便开始进行研究。

当数学家在分析复杂问题时，他们的一个经典做法就是化繁为简，以期将要解决的问题简单化。庞加莱也是这样，他并不是开始研究太阳系中的所有星系，而是首先设想了一个由两个天体组成的星系。牛顿已经证实它们的轨道会是稳定的：这两个天体会围绕彼此在各自的椭圆轨道中运行，并永远重复同一种运行模式。

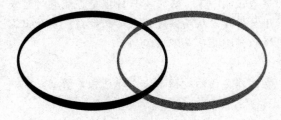

图 5-5

以此为起点，庞加莱开始探索在这一平衡状态中加入另外一颗星球后会发生什么变化。但是，一旦将系统中的天体数量增加为三颗（比如：地球、月球、太阳），难题马上就来了，要判定这样一个系统中的轨道是否稳定就变得如此复杂，以至于伟大的牛顿也在此处裹足不前了。难题就是此时的食谱中已有 18 种不同元素：每颗天体的三维坐标，以及它们各自在 3 个维度上的速度。牛顿本人便曾写道："要同时考虑所有影响运动的因素，然后以能够进行简单运算的准确法则来定义这些运动，如果我的判断准确的话，这项任务超出了所有人类头脑的能力所及。"

但是庞加莱并未因此止步，他做出了重大推进，通过对轨道运行状况进行一系列的近似运算，简化了这一问题。他认为，在确定星球位置时，进行化整除零或忽略细小差别，并不会对最终结果造成太大影响。尽管他并未完全解答出奥斯卡国王的问题，但他的研究思路已足够成熟，使其赢得了上文提到的那笔奖金。但是，就在庞加莱准备发表论文时，一位编辑未能完全理解庞加莱的数学运算，并提出了一个疑问——对于星球位置的细小改动只会对它们的轨道状况产生细微影响吗？对此，庞加莱是否能给出合理解释呢？

就在庞加莱试图证明其假设的合理性时，他突然意识到自己犯了一个错误。他最初的想法是不对的，初始条件（3 个天体的初始位置及速度）中的细微改变也会产生截然不同的轨道，也就是说，他的简化思路并不可行。他立刻联系这名编辑，试图阻止论文付印，因为背负国王赋予的荣誉而发表一篇错误的论文必然会引起一场轩然大波。但当时论文已经印了出来，不过，其中大部分还是进行了回收和集中销毁。

整个事件看似一场尴尬的乌龙。但是，正如数学界中经常出现的状况，当某件事情出错时，其背后的原因总是会引出一些有趣的发现。庞加莱继续写第二篇论文，这次他反其道而行之，解释为何细微修改也会造成一个看似稳定的系统突然间分崩离析。庞加莱从他的错误中发现的理论引出了上个世纪最重要的数学概念之一——混沌理论。

庞加莱发现，即使在牛顿的发条式宇宙中，简单公式也能产生无比复杂的结果。这并不是关于随机或概率的数学问题。我们在此面对的系统正是数学家们称之为决定论的系统：该系统由严格的数学公式掌控，而在任何一套固定的起始状态下，计算出的结果永远都是一样的。混沌系统仍然具有决定性，但初始状态中的一个非常细微的变化就能导致截然不同的结果。

做一个很好的小尺寸太阳系模型。将 3 块磁体放在地板上，一个黑色，一个灰色，一个白色。在磁体上方，设置一个有磁性的钟摆，这枚钟摆可以自由向任何方向摆动。钟摆会受到 3 块磁体牵引，并在其间摆动，直至达到稳定状态，并停留在一个稳定的位置上。钟摆的末端有一个漆盒，可滴出一连串的漆点。现在，我们让钟摆摆动起来，滴下来的漆滴将记录下钟摆的摆动轨迹。在此，我们实际上想做的是模拟一颗小行星划过太阳系的场景，这颗小行星受到 3 个星球的牵引，并会最终击中其中的一颗星球。

最不可思议的地方就在于，该实验几乎无法重复并得出相同的结果，即无法得到相同的油漆轨迹。不管你如何努力地把钟摆放在同一个位置，向同一个方向放手，你都会发现，实验所留下的油漆轨迹都截然不同，最终，每一次钟摆都会被不同的磁体吸过去。图 5-6 中显示了以 3 次近乎完全相同的方式起始的钟摆所留下的 3 条不同的轨迹，最终导致钟摆奔向不同磁体的怀抱。

掌控磁体路径的公式是混沌的，而且即使初始状态中的一个细微变化也会导致结果的剧烈变化。这就是典型的混沌特质。

我们可以用电脑制作出一幅钟摆将被磁铁吸引的图像。磁铁被安置在中心位置，周围对应三片花瓶形状的彩色区域。如果在黑色区域上方启动钟摆，那么它最终将会投入黑色磁体的怀抱。同样，如果在灰色或白色区域上方启动钟摆，它最终会分别投入灰色或白色磁体的怀抱。在其中的某些区域，对于钟摆初始位置的细微变动并不会对结果产生太大影响。比如，在黑色磁体附近启动钟摆，钟摆大概总会划向黑色磁体。但是，我们也看到在一些其他区域中，色彩在短距离内便呈现出巨大的差异。

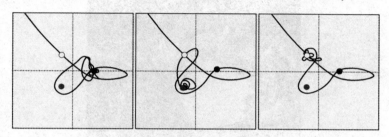

图 5-6　钟摆初始位置的细微变化会使其以完全不同的轨迹划向那 3
　　　　个磁体（分别以白色、灰色及黑色的小圆圈表示）

该例子所呈现出的也正是自然界的大致模样——分形。分形即混沌所对应的几何部分。当我们将图像中的部分区域放大，你就会看到其中的复杂性完全一样，正如我们 2.9 节中所讲的那样。正是这种复杂性使钟摆的运动状况如此难以预料，尽管用来表述该运动的公式十分简单。

如果该问题决定的不只是一个摆动的钟摆，而是整个太阳系的未来，又会如何呢？或许由一颗不守规矩的小行星带来的微扰也足以让整个太阳系分崩离析。这种情况在临近太阳系的仙女座 Upsilon 星上发生过，天文学家观测到该星系中现存行星的运行状况十分古怪，从而推测该星系曾因为一些对稳定轨道的干扰状况，而抛出了星系中一颗行星，并因此造成一场巨大的灾难。同样的状况也会发生在地球吗？

为了能安心工作，科学家们近期利用超级电脑来试图解答这个最终令庞加莱含恨的问题：地球是否存在脱离轨道飞向茫茫宇宙的危险呢？他们模拟真实的行星轨道，并让它们顺时针逆时针一圈圈地转动。幸运的是，计算结果表明，在 99% 的概率下，这些行星将会在现有轨道中老老实实地持续运行 50 亿年（此后，太阳将演变为一颗红巨星，并吞噬掉整个内太阳系）。但还是有 1%的可能，会发生至少从数学角度来看更有趣的结果。

图 5-7　一幅电脑生成的用来描述钟摆在三个磁体上方运动状况的图像

结果证明，太阳系中的固态星球（水星、金星、地球及火星）的轨道并没有庞大的气态星球（木星、土星、天王星及海王星）那么稳定。无需担心这些巨大星球，其未来也会相当稳固。只有微小的水星才有可能成为造成太阳系瓦解的导火索。

通过计算机模拟，天文学家们发现水星和木星之间存在一种奇怪的共振，这种共振可能会导致水星轨道开始和相邻的金星轨道发生交错。这将可能最终引发金星和水星之间的强力碰撞，进而可能造成整个太阳系的分崩离析。但是，这种状况真的会发生吗？我们无从知晓。混沌的存在使我们很难对未来进行预测。

5.7 一只蝴蝶如何能造成成千上万人的死亡？

并非只有太阳系是混沌的。许多自然现象都体现出混沌的特征：股票市场的走势，海上巨浪的形成，心脏的律动，莫不如此。但是，对每个人的日常生活影响最大的一个混沌系统要属天气。"地球在 10 亿年后是否还会围绕着太阳转动？"像这样的问题并不那么急迫。我们都想要知道下周的天气是不是晴天，是不是暖和，以及 20 年后的气候状况和当前会有什么巨大差别。

天气预报一直是某种暗箱艺术，尽管有些俗话的确点到了实处。比如"向晚天发红，羊倌喜盈盈"，这是因为太阳光线在穿过一大片明净天空抵达牧羊人所处位置的西方时，光线就会发红。由于欧洲的天气往往是从西面来的，这一点便表明好天气正在赶来的路上。

今天的气象学家们需要分析五花八门的数据，从海洋气象站的监测信息到卫星观测的图片讯息等等，不一而足。他们手中掌握着极其精密的公式，用来描述空中相撞的气团如何交汇而产生云、风、雨等天气。如果我们掌握了控制天气的数学公式，那么，通过今天的天气数据，当然可以轻易地用电脑算出下周的天气情况，应该会如此吧？

唉，即使借助于当今最先进的超级计算机来预测此后两周的天气状况，也依然不是那么可靠的。我们甚至不能精确测算出今天下午的天气，更不要说两周以后的天气了。即使最顶级的气象站在准确性上也有一个限度。我们永远无法弄清楚空气中每颗微粒的准确时速，或空间中每一个点上的精确温度，或是整个星球上空的准确气压，而以上因素中的任何细微变化都会导致天气预报结果上的巨大差异。这一现象催生出了一个术语"蝴蝶效应"：一只蝴蝶扇动翅膀会造成空气的细微变化，而这一细微变化则最终有可能在地球的另一端制造出一场毁灭性的龙卷风或飓风，所到之处，摧枯拉朽，人命如草芥，损失数以亿计。

正因如此，气象学家会同步进行多项预测，根据各地的气象站和卫星采集到的各种测量结果，以其中存在的各种细微差异的结果着手分析，然后再做出多种预测。有的时候，所有这些预测呈现的结果大致相同，此时，气象学家便可相对自信地确定出未来一周或两周内的天气状况（尽管学术上来说是混沌的）。但有的时候，预测结果之间则有着天差地别，此时，预测者便知道，他们没法做出准确的天气预测，哪怕几天内的也做不到。

在前文三个磁体的混沌钟摆的例子中，存在一些对位置进行微小变动而不会对结果产生根本影响的区域，不会让原本划向一个磁体的路线转向划至另一个磁体。天气也是一样。将沙漠中的天气状况想象为上述图像中的大块黑色区域：不管蝴蝶怎么用力扇动翅膀，沙漠中的天气终究还是一个字——热。同理，北极圈则像图像中的白色区域。而英国的天气则像钟摆在图像中色彩不那么明确的区域启动后的状况，差之毫厘便失之千里。

如果能知道宇宙中每一颗微粒的准确位置与时速，我们便可以准确地预测出未来的模样。问题是，只要其中有一个起始位置稍微错一点，整个未来则可能变得天差地别。宇宙或许就像一组发条，我们永远无法得知这些齿轮的准确位置，从而无法在这个决定论的自然界中占到什么便宜。

5.8　正面还是反面？

1968 年，以点球决出平局胜负这一规则尚未引入。在当年举办的欧洲杯足球赛中，意大利和苏联两方在半决赛加时后依然一球未进，最终依靠投掷硬币来决定哪支球队晋级决赛。自古罗马时代以来，世人便普遍将投掷硬币视为一种解决纷争的公平手段。毕竟，当硬币在空中旋转时，人们是无法猜出其落地时是正面还是反面的。对吧？

理论上，如果你知道硬币的准确位置，知道它翻转了多少圈，知道它何时着地，你便能计算出硬币着地时的状态。然而，是否和天气预报一样，在所有这些因素中，只要有一丁点儿变化，便会产生截然不同的结果呢？加州斯坦福大学的数学家佩尔西·戴康尼斯决定检测一下硬币的投掷是否真如我们想象的那样无法预料。如果条件完全相同，不管你何时投掷这枚硬币，根据数学运算，最终的结果都会是一样的。但混沌特质是否也隐藏于硬币的投掷中呢？如果我们对初始状态做一点改变，是否它会被放大，从而无法预料硬币落地时是正面还是反面呢？

在一位工程师朋友的帮忙下，戴康尼斯制造出一台硬币投掷机，这台机器可以反复地重复相同的投掷方式。当然，每次投掷都有十分细微的差别，但是，这些细微差别是否会对结果产生巨大影响呢？就像在 3 个磁体中游移的钟摆那样？戴康尼斯发现，每次他用这台硬币投掷机重复试验时，都会得出相同的投掷结果。此后，他训练自己以一模一样的方式反复投掷硬币，并成功地做到了连续掷出 10 个正面。因此，大家以后可要小心了，在押注硬币的时候，首先要确定对方不是戴康尼斯这样的掷硬币高人。

那么，要是普通人掷硬币又会如何呢？他们这次掷硬币的方式和下次掷的方式会不同吗？戴康尼斯想知道这里面是否依然存在不公平的成分。在开始他的数学分析之前，他要先找到一位旋转物体方面的专家。而当他遇到理查德·蒙哥马利后，他知道眼前的这位就是他要找的人。蒙哥马利通过证实落猫理论（解释出为何一只猫不管从何种角度被扔下，最后总能以四脚着地）而声名鹊起。再加上统计学家苏珊·霍尔曼的帮助，这 3 人共同证明出，大拇指弹出的硬币在落地时会倾向于某个特定的面朝上。

为了将这一理论转化为实际的数字，他们需要对旋转硬币在空中的运动状况进行一些认真的分析。借助一台每秒能拍摄 10 000 帧图像的高速数码相机，他们捕捉到一枚硬币的运动状态，并把这些数据填入到他们的理论模型中。最终的发现却有点出人意料：在真实的硬币投掷中的确存在不公平的成分。但这种不公平的几率很小：在一枚硬币被弹向空中时，落地时朝上的那个面有 51% 的概率。个中原因似乎与回旋镖或陀螺的物理原理存在关联。翻转的硬币似乎也和陀螺一样会产生旋进现象。因此，最初朝上的那个表面在空中停留的时间更长。这种差异在一次投掷中是无关紧要的，但在多次投掷中，则会变得十分显著。

十分在意这种长期差异的机构之一便是赌场了。赌场的收益便建立在这种长期概率之上。在每次骰子的投掷和轮盘赌的转动中，赌场的盈利都指望着赌客判断失误。正如硬币的投掷一样，如果你能知道转盘或球的准确起始位置，以及它们的初始速度，那么，从理论上来说，通过牛顿力学，你便能确定出小球的落点。在同样的位置，以同样的速度开启轮盘，并让庄家以一模一样的方式释放小球，小球便会落在完全相同的位置上。这里的问题即庞加莱发现的那个问题：即使在初始位置或轮盘、小球的速度方面有细微变动，亦会对结果造成巨大影响。骰子也是一样。

但是，这并不意味着数学在此就不起任何作用了，它还是能帮助我们将小球锁定在一个可能的范围内。在下注以前，你应该先观察几次小球在轮盘中的旋转情况，如此，你便有机会对小球轨迹做一番分析，并预测出其最终的落脚点。三位东欧人（一位"美丽时髦"的匈牙利女子和两位"优雅"的塞尔维亚男子）所做的正是这样。2004 年 3 月，他们在伦敦的里兹赌场通过数学运算而在轮盘赌项目上大赚了一笔。

他们将激光扫描仪隐藏在一个手机内，而手机连接着一台电脑，以此记录下两轮轮盘赌中的小球转动情况。电脑通过运算预测出小球接下来可能会落脚的 6 个数字。于是，在第 3 轮赌局中，他们开始下注。3

人将胜算从 1：37 提升到了 1：6，于是在所有预测到的 6 个号码上均下了注。第一个晚上他们就赢走了 10 万英镑。第二晚则更拿下了令人吃惊的 120 万英镑。尽管 3 人因此被捕并经历了 9 个月的保释期，他们最终则被宣布无罪，并能够保留他们所赢得的金额。司法小组认定他们并未对轮盘动任何手脚。

这几位赌客意识到，尽管轮盘赌中存在混沌状态，但小球和轮盘初始位置的细微变化并不总会导致结果上的巨大改变。这便是气象学家在预测天气时所依据的原则。有时，他们在研究计算机模型时就会发现，改变今天的天气条件并不会对预测造成重大影响。上述这三位赌客用电脑做的事情也与此相同，透过成千上万种不同情况来预测出小球的落脚之处。它无法给出准确的位置判定，但将范围缩小至 6 个数字已足以让这 3 位赌客在赌局中占据有利地位。

读到这里，你也许认为自然界中的问题能够划分为简单的可以预期的问题（比如从比萨斜塔上落下的一颗球体）和混沌的难以预料的问题（比如天气）。但现实并非如此黑白分明。有些问题可能一开始简单而可预料，但由于某个部分的细微变化，便会转而进入混沌状态。

5.9 谁杀死了所有旅鼠?

许多年以前，环保主义者注意到每隔 4 年，旅鼠的种群数量似乎急剧减少。一种通行的推测认为这些极地啮齿动物每隔几季便会前往一处陡峭的悬崖，一头扎下，粉身碎骨。1958 年，迪斯尼公司的自然史部门将这一集体自杀场景收录在其获奖影片《白色旷野》中。这些镜头看上去如此令人信服，以至于"旅鼠"一词逐渐被人们用来形容那些盲目跟随大众脚步而走向潜在灾祸的人。这些动物的行为甚至还催生出了一款电子游戏，在游戏中，玩家要阻止这些旅鼠走上迈向死亡的愚蠢征程。

　　20世纪80年代有人透露，《白色旷野》的摄影组伪造了整个场景。加拿大的一部电视纪录片称，这些旅鼠是专为拍片而购买来的，在拍摄过程中，它们拒不从悬崖上跳下，摄影组便"鼓励"它们越过峭壁边缘。那么，如果集体自杀的猜测并非事实，那么，造成这一种群数量每4年发生一次急剧下降的原因又何在呢？

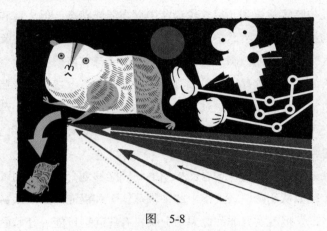

图　5-8

影片《白色旷野》中的镜头可参见网址

http://bit.ly/Whitewilderness。

　　答案依然隐藏在数学之中。一个简单公式就可以告诉我们这一季度的种群数量和下一季度的种群数量有何不同。首先，假定由于食物供给和天敌等生态因素的作用，旅鼠的数量存在一个上限。设此上限为 N。再设 L 为经过上一季并存活下来的旅鼠数量，再加上新一季出生的旅鼠，种群数量上升至 K。而在所有 K 只旅鼠中，一部分将不会存活下去。其

死亡率为 L/N，即前一季的旅鼠数量除以旅鼠数量的上限。于是，共有 KL/N 只旅鼠会死亡，而在本季末尾剩下的旅鼠数量则为:

$$K - \frac{K \times L}{N}$$

为计算方便，在此设旅鼠种群上限 $N=100$。

该公式尽管简单，却带来一些令人吃惊的结果。首先，如果在每个春天旅鼠的种群数量都加倍，会发生什么情况呢? 也就是说 $K=2L$。其中的 $2L \times L/100$ 只旅鼠会死掉。假设第 1 季共有 30 只旅鼠，根据公式，在第 2 季的末尾，将会有 60–(60 × 30/100)=42 只旅鼠。这一数量会持续增加，一直到第 4 季，此时将会有 50 只旅鼠。

而此后，每一季存活下来的旅鼠数量则会一直维持为 50 只。让人吃惊的是，不管第一季开始时的原始种群数量为多少，最终，在每一季结束后剩下的旅鼠数量总是种群上限的一半。因此，当数量达到 50，下一季便会加倍至 100 只，但到了该季末，其中的 100 × 50/100=50 只又会死掉，剩下的旅鼠数量便再次变为 50 只 (见图 5-9)。

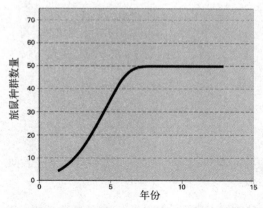

图 5-9　如果旅鼠的种群数量在每个春季倍增，那么不管最初有多少只旅鼠，最终的种群数量都会达到一个稳定值

　　那么，如果旅鼠的繁殖能力更强又会如何呢？假设，旅鼠种群数量从一季到下一季的时候变为之前的 3 倍多一点，此时的种群数量并不会抵达一个稳定态，而会在两个数值之间震荡往复。如果某一季存活下来的数量较多，那么下一季存活下来的数量就会变少。

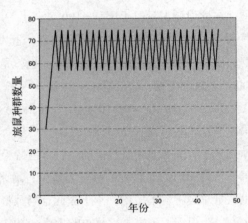

图 5-10　如果旅鼠的种群数量会在春天翻为 3 倍，以上数值便会发生震荡

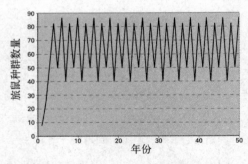

图 5-11　当旅鼠的种群增长因子为 3.5 时，其种群数量便会在四个不同数字之间震荡往复

　　当旅鼠的繁殖能力进一步增强后，其种群数量便会以一种更加怪异的方式波动。假如种群数量的增长因子为 3.5，那么旅鼠的总数量将在 4

个数值之间来回振动,每 4 季重复一次。(而 4 个数值震荡的情况最早出现在增长因子为 $1+\sqrt{6}$,即大约为 3.449 的时候。)这种情况便对应了人们发现的每 4 年一次的旅鼠种群数量急剧下降这一现象。现在我们已经知道了,上述现象的产生并非因为大规模的自杀行为,而是因为数学。

旅鼠种群动态更加有趣的变化则发生在将增长因子提升至 3.5699 时。此时,种群数量从一季到下一季的震荡似乎变得毫无节奏,毫无缘由。尽管计算这些数量的数学公式依然十分简单,但它已经开始产生混沌的结果。如果改变旅鼠的最初数量,其种群动态则会变得截然不同。只要越过 3.5699 的门槛,混沌就悄然而至。此时,要预测种群的变化状态就成为几乎不可能完成的任务。掌控种群数量的公式一开始或许可以预期,但只要对旅鼠的繁殖能力做一丁点儿的改动,混沌便即刻凸显出来。

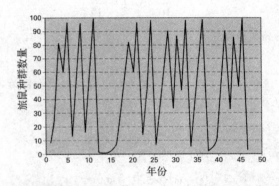

图 5-12 当旅鼠数量在春季的增长倍数达到 3.5699 或者更高时,其变化曲线将呈现出混沌状态

鱼公式游戏的玩法

这是一个双人游戏,请从本书网站下载相关 PDF 文件,然后裁切出 10 只鱼和 1 个鱼缸。该游戏探索的是鱼群数量在 10 个季度内的变

化情况。每 1 条鱼对应 1 季，在鱼的一侧有 1 个方格，你可以在此记录下当季鱼缸中鱼的数量。鱼缸中最多可容纳 12 条鱼。鱼的寿命为 1 年，在这一年中，它们会产下一定数量的后代，然后死掉。

首先，掷两颗骰子，将骰子上的数字相加后再减去 1（得出一个介于 1 和 11 之间的数字），将其作为浴缸中鱼的初始数量。我们将该数字称为 N_0。玩家一从 1 到 50 之间选一个数字 K，K 的数值决定每只鱼可产下多少只。如果最初浴缸中有 N_0 条鱼，那么，在第 1 年中，它们会产下（$K/10$）× N_0 条鱼。因此，鱼群的数量将乘以 $K/10$，即介于 0.1 与 5 之间的一个数字。

但并非所有新出生的鱼都能存活下来。假如前一年的年末共剩下 N 条鱼，那么到了下一年的年末，鱼群数量将变为：

$$\frac{K}{10} \times N \times \left(1 - \frac{N}{12}\right)$$

计算出的数值必须经过四舍五入，以整数表示鱼群数量（4.5 只鱼即 5 条鱼）。

如此"运转"10 年。奇数年份鱼缸中的鱼群数量即为玩家一的得分，偶数年份鱼缸中的鱼群数量则为玩家二的得分。

设年份 i 的鱼群数量为 N_i，那么，

玩家一的得分为：$N_1 + N_3 + N_5 + N_7 + N_9$

玩家二的得分为：$N_2 + N_4 + N_6 + N_8 + N_{10}$

在裁切出的鱼形上面，你可以写下每一年的鱼群数量。如果所有鱼只在某个年份全部死掉，那么，选择繁殖数量 K 的玩家一便自动成为输家。

举例说明。玩家掷出两颗骰子，数字相加得四。因此，游戏开始时鱼缸中只有 3 条鱼：$N_0 = 3$。玩家一将数字 K 设为 20。因此，1 年后鱼缸中的鱼群数量变为：

$$N_1 = \frac{K}{10} \times N_0 \times \left(1 - \frac{N_0}{12}\right) = 2 \times 3 \times \left(1 - \frac{3}{12}\right) = 4.5 \approx 5$$

第 2 年后数量为：

$$N_2 = \frac{K}{10} \times N_1 \times \left(1 - \frac{N_1}{12}\right) = 2 \times 5 \times \left(1 - \frac{5}{12}\right) = 5\frac{5}{6} \approx 6$$

第 3 年后数量为：

$$N_3 = \frac{K}{10} \times N_2 \times \left(1 - \frac{N_2}{12}\right) = 2 \times 6 \times \left(1 - \frac{6}{12}\right) = 6$$

此时，鱼群数量将达到稳定状态，因为将数字 6 套进该公式后，所得出的结果仍然为 6。因此：

玩家一得分：5+6+6+6+6=29 条鱼

玩家二得分：6+6+6+6+6=30 条鱼

所以玩家二获胜。接下来，改变一下乘数 K 的值，看看会有什么变化。

因为在游戏里面，我们进行了四舍五入，因此结果并不十分精确，旅鼠种群中的那种混沌模型便不能在此起作用。

在这个线上鱼缸游戏的模拟版本中，鱼群数量也同样进行了四舍五入，但分数部分则融入到下个年度的计算公式中。例如，如果将 K 设为 27，将 N_0 设为 3。那么：

N_1=6.075，四舍五入得 6 条鱼。

N_2=8.09873，四舍五入得 8 条鱼。

N_3=7.10895，四舍五入得 7 条鱼。

N_4=7.8233，四舍五入得 8 条鱼。

N_5=7.352，四舍五入得 7 条鱼。

N_6=7.68872，四舍五入得 8 条鱼。

N_7=7.45835，四舍五入得 7 条鱼。

N_8=7.62147，四舍五入得 8 条鱼。

N_9=7.50844，四舍五入得 8 条鱼。

N_{10}=7.58804，四舍五入得 8 条鱼。

玩家一得分：6+7+7+7+8=35 条鱼

玩家二得分：8+8+8+8+8=40 条鱼

5.10　如何踢出贝克汉姆或卡洛斯那样的弧线球？

大卫·贝克汉姆和罗伯特·卡洛斯在他们的足球生涯中踢出了一些令人惊叹的任意球，这些球仿佛在空中摆脱了物理学的束缚。而在所有这些精彩的任意球中，最令人惊叹的恐怕就是卡洛斯在 1997 年四国邀请赛上巴西对阵法国时踢出的那个球了。这个任意球的位置离球门有 30 米远，在这种情况下，大多数球员都会将球开给其他队员，再继续进攻。卡洛斯则不然，他将球摆好，拉开架势准备要射门了。

法国队的守门员法比安·巴特兹在球门前方布好了人墙，他并不真的相信卡洛斯能够直接威胁到他的球门。果不其然，卡洛斯将球开出后，看起来偏得不是一点半点。球门后方的观众纷纷闪躲，以免被飞来的足球砸到。然而，突然之间，足球在最后一刻急剧左转，击中门柱内侧弹进网窝。巴特兹简直无法相信自己的眼睛，他几乎分毫未动。"这球是哪门子的飞法啊？"巴特兹显得一脸迷茫。

然而，卡洛斯的这脚射门远未超越物理学范畴，他只是充分利用了足球飞行的规律罢了。当足球旋转起来后便会划出令人吃惊的轨迹。如果将球径直踢出，不让它产生任何旋转，那么，它的运动轨迹就像是二维纸面上的抛物线一样。而如果再施加一些旋转，其运动轨迹的数学模型转眼就变成了三维立体的。此时，足球在向上和向下运动的同时，也会发生左转或右转。

那么，到底是什么力将空中的足球牵引至左侧或右侧呢? 这是一种被称为马格努斯效应的力，以发现者德国数学家海因里希·马格努斯的名字命名。他在 1852 年首次提出了对球体旋转效应的解释（德国人一向擅长足球运动），其原理和飞机机翼的提升原理相似。正如我在 5.4 节中所介绍的那样，机翼上下的空气流速差导致上下两边的气压差，机翼上方气压较低，下方气压较高，从而制造出一种提升力将机翼拉起。

卡洛斯这脚任意球的镜头可参见相关
网址。

要让足球从右往左转，卡洛斯在为足球施加旋转力的时候，需要让球的左侧向他本人的方向旋转（围绕贯穿球体的垂直轴心）。这样的旋转就会牵引足球左侧的空气更快地向后流动，从而使左侧的气压降低，这一点和飞机机翼上方发生的状况一样。足球右侧的气压则会得到提升，由于右侧是往前方旋转的，因此空气流过时便会受到一定的阻力从而降低速度。这一气压差便转换为一种把球体从右引向左的力，并最终成功地将球送进球网中。

同样的原理也应用在高尔夫球运动中，能够使小球飞得比伽利略公式所预测的距离还要远。不过在这里，球体的旋转轴是水平的，和球的运动轨迹成垂直角度。在用球杆将小球从球架上击出时，让小球底端向球的飞行方向旋转。这样能减小空气流速，同时根据伯努利效应，增加球体下方的气压，从而制造出上行的力，以抵御重力牵引。事实上，小球在空中穿越时几乎毫无重量可言，就好像球在旋转时给球本身施加援手，助其驶上高速公路。

但还有一个额外因素我们并未提及，这个因素的存在解释了为何卡洛斯的任意球在最后一刻才发生偏转，该因素即球体所遇到的阻力。和前文的旅鼠种群数量的震荡类似，卡洛斯的神奇任意球的秘密也涉及从混沌到常规的转变。一个足球尾端的气流有 2 种，要么是混沌的，要么是常规的。混沌气流称为湍流，只有当球体运行速度很快时才会产生。常规气流称为层流，它发生在球体速度较慢的时候。这两者之间的转换发生在何时则要取决于球体的形状。

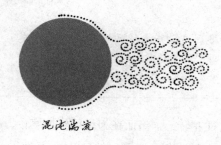

混沌湍流

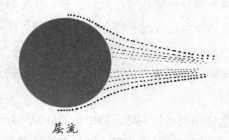

层流

图 5-13　混沌湍流所造成的阻力小于常规 "层" 流

我们可以轻易体验到由不同风势带来的各种类型的气流。手持旗帜（或一块布条）沿直线向前走，旗帜会在你身后漂浮摇曳。再试试在更大的风速中做同样的事情，或者在开动的汽车中将旗帜挥舞出窗外，或者在强风中手持旗帜能跑多快就跑多快，此时，旗帜肯定会狂飞乱舞。之所以产生上述差异，原因就是在不同速度之下，空气会对旗帜这样的物体发挥不同的作用。在低速的情况下，可轻易预期气流状况，但在高速情况下，气流状况则变化莫测。

　　这种从湍流到层流的转变会对任意球造成何种影响呢？结果证明，混沌湍流给球体造成的阻力要小得多。因此，当足球快速飞行时，其中的旋转力并不能对飞行方向发挥多少作用，因此，旋转力在大部分飞行路径中被分散了开来。当球体速度转慢，经过临界点后，湍流便让位给层流，后者将带来更大的阻力。就像驾驶员猛踩刹车那样，空气阻力会突然剧增150%。此时，旋转效果便凸显了出来，球体会突然发生剧烈转向。增加的阻力也会加强提升力，使马格努斯效应增加，更有力地把足球引向另一侧。

　　因此，卡洛斯需要一段足够远的距离，在用力踢球以达到混沌湍流效果后，使足球在越出边线之前减速并转向。当足球以110千米/小时的时速飞出时，周围的气流状况是混沌的，而当行程过半，速度减慢后，湍流则变为层流。刹车被踩下，旋转力跟进，转眼间，巴特兹把守的球门即告失守。

　　并非只有足球运动受到这个数学法则的影响。我们在乘坐交通工具时也会遇到混沌状态，特别是坐飞机时。大多数人听到"湍流"一词，马上就会联想到飞机在混乱的气流中震荡，空乘人员发出"请系好安全带"的指令。飞机时速远远大于足球的飞行速度，而机翼上方的混沌气流——湍流——增大了飞机的飞行阻力，这就意味着要消耗更多的燃料，从而增加飞行的成本。

　　一项研究表明，如果能将湍流阻力降低10个百分点，便可让一条航线的盈利水平提升40%。航空工程师们一直在试图通过改变机翼表面机理，降低气流混沌程度。其中一种方法就是在机翼上布满一排排平行纤细的沟槽，其细密程度就像黑胶唱片表面的沟槽一样。另一种方法则是在机翼表面布满微小的牙齿状结构——齿饰。有趣的是，鲨鱼皮肤上也布满着这种天然齿饰。看来，自然界对于如何克服流体阻力的认识要比工程师们更早。

尽管人们对该领域投入了很大的研究热情，但足球或机翼的湍流问题依然是数学中最大的谜团之一。这里有一些好消息：人们已经设法写出了用来描述空气或液体行为状态的公式。但坏消息是：还没有人能解得出这些公式！这些公式并非只对贝克汉姆和卡洛斯等足球运动员来说非常重要，各行各业也都用得着它们。天气预报人员需要它们来预测大气中的气流状况，医生需要它们以理解血液在人体内的流动状况，天体物理学家需要它们以弄清楚银河系中的恒星是如何运动的。所有这一切都受这个相同的数学原理掌控。此时此刻，预报人员、设计师及其他从业者则只能依靠一些近似的推测，而由于这些公式背后隐藏着混沌特性，即使细微差错也会对结果造成巨大影响，所以，他们的推测很可能是完全不着调的。

这些公式被称为纳维-斯托克斯方程，以两位写出它们的 19 世纪数学家的名字命名。理解这些方程并不容易，以下是其中一个常见写法：

$$\frac{\partial}{\partial t}u_i + \sum_{j=1}^{n} u_j \frac{\partial u_i}{\partial x_j} = v\Delta u_i - \frac{\partial p}{\partial x_i} + f_i(x,t)$$

$$\text{div}\, u = \sum_{i=1}^{n} \frac{\partial u_i}{\partial x_i} = 0$$

如果读者对其中有些符号不太了解，也不必大惊小怪，因为并没有多少人真正了解它们！而对于那些懂得数学语言的人来说，这些方程式中隐藏着预测未来的那把钥匙。它们是如此重要，谁能首先解出它们，便可获得一百万美元的奖励。

量子物理学创始人、伟大的德国物理学家维尔纳·海森堡曾经说过:

> 见到上帝时,我要请教他两个问题:相对论以及湍流。我相信他一定给得出第一个问题的答案。

当卡洛斯被问到他是如何发现这种剧烈转向的秘密时,他回答说:

> 从小我就反复练习任意球的精准技法。通常在每次训练后,我都会抽出至少一小时时间,进行额外的任意球精准度练习。万事莫不如此,投入的辛苦和汗水越多,你就能得到越多的收获。

我想这同样适用于数学。一个问题越困难,你解出该问题获得的满足感就越强。因此,当数学运算越来越艰深,想想卡洛斯所说的:"投入的辛苦和汗水越多,你就能得到越多的收获。"而当你解开史上最大的一个数学谜团时,所有人都会像巴特兹那样盯着落网的足球,充满迷惑地说道:"天啊,他是怎么做到的?"

图片授权说明

图 1-25 质数骰子 © Joe McLaren
图 2-1 瓦茨的塔 © Joe McLaren
图 2-2 切薄的圆盘 © Raymond Turvey
图 2-3 足球 © Joe McLaren
图 2-4 柏拉图立体 © Joe McLaren
图 2-5 去顶四面体 © Raymond Turvey
图 2-6 伟大的小斜方截半二十面体 © Raymond Turvey
图 2-7 足球 © Raymond Turvey
图 2-8 足球 © Raymond Turvey
图 2-9 两个部分接触的气泡 © Joe McLaren
图 2-10 两个套在一起的气泡 © Joe McLaren
图 2-11 聚合的气泡 © Joe McLaren
图 2-12 聚合的气泡 © Joe McLaren
图 2-13 铁丝框架 © Joe McLaren
图 2-14 普拉托边界 © Joe McLaren
图 2-15 去顶八面体 © Raymond Turvey
图 2-16 开尔文的气泡 © Raymond Turvey
图 2-17 两个造型 © Raymond Turvey
图 2-18 水立方 © Arup
图 2-19 菱形十二面体 © Raymond Turvey
图 2-20 球棍模型 © Raymond Turvey
图 2-21 英国地图 © Joe McLaren
图 2-22 分形 © Raymond Turvey
图 2-23 分形 © Raymond Turvey
图 2-24 分形 © Raymond Turvey
图 2-25 海岸线 © Thomas Woolley
图 2-26 科赫曲线
图 2-27 海岸线 © Thomas Woolley
图 2-28 海岸线 © Thomas Woolley
图 2-29 三种比例的苏格兰海岸线 © Steve Boggs
图 2-30 分形体的蕨类植物
图 2-31 方格构成的图形 © Thomas Woolley
图 2-32 分形图 © Thomas Woolley
图 2-33 英国的 5 张地图 © Thomas Woolley
图 2-34 分形维度画作 © Joe McLaren
图 2-35 笛卡儿错觉图 © Raymond Turvey
图 2-36 巴黎拉德芳斯金融区的新凯旋门 © Getty images
图 2-37 四维立方体 © Joe McLaren

版 权 声 明